U0269496

知识分子的精神家园

每个孩子都可以成为数学家

窦羿 著

光明日报出版社

图书在版编目（CIP）数据

每个孩子都可以成为数学家 / 窦羿著 . -- 北京：光明日报出版社 , 2023.9

ISBN 978-7-5194-7357-0

Ⅰ . ①每… Ⅱ . ①窦… Ⅲ . ①数学教学—儿童教育—家庭教育 Ⅳ . ① O1 ② G782

中国国家版本馆 CIP 数据核字 (2023) 第 128721 号

每个孩子都可以成为数学家
MEIGE HAIZI DOU KEYI CHENGWEI SHUXUEJIA

著　　者：窦羿		
责任编辑：舒心	策　　划：李淑华	
封面设计：大摩书局设计事务所	责任印制：董建臣	
责任校对：曲建文		

出版发行　光明日报出版社

地　　址：北京市西城区永安路 106 号，100050

电　　话：010-63169890（咨询），010-63131930（邮购）

传　　真：010-63131930

网　　址：http://book.gmw.cn

E - mail：gmrbcbs@gmw.cn

法律顾问：北京市兰台律师事务所龚柳方律师

印　　刷：天津融正印刷有限公司

装　　订：天津融正印刷有限公司

本书如有破损、缺页、装订错误，请与本社联系调换，电话：010-63131930

开　　本：160mm×230mm

字　　数：273 千字　　　　印　　张：20.5

版　　次：2023 年 9 月第 1 版　　印　　次：2023 年 9 月第 1 次印刷

书　　号：ISBN 978-7-5194-7357-0

定　　价：48.00 元

其实数学，就是阅读世界。

需要慢慢品味，方可深入其中。

It's good to be Quick,
But it is more important to be Deep.

目录

081 第三章 地利

105 第四章 人和

一、智商积分

读到这本书，我希望读者开始认真地给孩子"积分"，积分越多孩子越聪明。

学习数学，前提是孩子聪明。孩子小时候，亲子共读是非常好的选择。孩子一旦能阅读了，有阅读的"帮衬"，就很容易形成一个"小循环"：读的书越多越聪明，越聪明读书就越高效，越有用，从而进一步帮助孩子变得更加聪明，这样的孩子，学习数学将一路高歌猛进，锦上添花，未来美好。

聪明，到阅读，再到数学。怎么才能聪明呢？有个方式：积分。

我接下来说的"积分"方式，在文字表达上，可能要减损一些科学严谨性。但不意味着该方式不可靠。正相反，它是非常可靠的，是由最前沿的科学诞生出的可落地实操的方法。但是，如果以科研论文的写法，文字内容很可能晦涩难懂，进而减损对于普通大众来说的实用性。世界天才儿童研究协会亚太地区理事会主席曾送我四个字：善巧至真。正好应了这段文字，我将用善巧的方式，简单通俗地论述"积分"。那么，效果和心意至真，专家专业人士请勿怪。

我们开始说说这个"积分"的方式。

很多父母可能都认为，让孩子做越难的事情，孩子就会越聪明，其实不是这样。这样的逻辑未免不大合理。

事实上父母特别容易对孩子失去耐心，全世界的父母大多如此，尤其看到孩子这也不会，那也不行的时候，容易发火，甚至失去理智。

但再怎么脾气暴躁的父母，一旦看到孩子优秀的表现，就会有变化。比如，一个经常不回家，一回家就习惯往孩子短处看，苛责甚至打骂孩子的父亲，突然有一天，当他看到孩子在演奏厅，娴熟地弹奏着高雅而美妙的钢琴曲时，这位父亲会安静地欣赏，会在安静中动情地思考孩子的成长。

人感觉赢的时候，都相对平静，有耐心；感觉落后了，感觉要输的时候，都急躁，甚至暴戾。

积分不看事情的难易程度

其实，父母陪孩子的每时每刻，都是可以"恒赢"的，更可以"积分"换智商。任何事情，孩子从"不会"到"学会了"，都可以积分，积分就意味着智商的提升。但问题是，父母总习惯往高处看。简单的积分不要，非逼孩子拿难度高的积分。比如，非要逼着孩子弹钢琴弹到十级，逼着孩子参与竞赛拿奖牌。总往高处看，往难度高的地方够，自然焦躁难熬，孩子跟着吃苦。到最后，甚至一分都拿不到，得不偿失。积累积分，从科学自然的角度，是一定要"由简到难"的。

简单的积分更珍贵

除了习惯往高处看，很多父母更是容易看不上简单的事情。比如，孩子学会了从 1 数到 10，父母想这有什么了不起的，看看邻居孩子都在学习编程，恨不得孩子长快一点儿，如果也能和邻居孩子一样，甚至更强，心里就踏实了。

也许有的读者不认同，说自己很珍惜孩子学会数数的瞬间。那么反过来呢？如果孩子不会数数，你会失去理智吗？

如果孩子 6 岁"不会"微积分，父母一定想：算了吧，孩子还小。但要是不会数数，父母很可能就急了，这孩子智力不会有问题吧。怎么可能连这么简单的数数都学不会？

其实这个逻辑反了，颠倒了 180 度！越简单的"不会"，越金贵！

积分的规则永远都是：从不会到会就得积分

发现孩子不会数数，不会心算，还用手指头加减，父母应该是兴奋的。因为这可以很容易拿到积分。

每一次孩子从不会到会了，智力能力都会提升，会变得更聪明。

那自然地，越简单的"不会"，越容易攻克，越多发现一些简单的、孩子不会的东西，他的智力能力提升得越快。

父母只需要悉心陪伴，耐心积分，要不了多久就会发现，自己的孩子比其他孩子更早地学会了微积分。因为，陪伴加上细致和耐心地积分，孩子的智力能力，一定会得到显著提升。

智商提升靠攒"积分"。积分越多，智商越高。很希望看到这样的场景：父母看着用手指头算 1+3 等于几的孩子，开心地大笑，温情地鼓励支持，耐心等待积上这简单而珍贵的一分。一路上，有了耐心攒积分的父母，孩子一定会越来越聪明。

攒积分，还必须有一个前提：孩子从不会到会，要在快乐的氛围中进行；如果父母责骂孩子，孩子哭泣委屈，那就一定是一分不得。

二、脑宇宙

神之困

我们大脑里有几百亿个脑神经元，相互交错，从微观角度看，那是一个庞然大物，可谓"脑宇宙"般的存在。在这个宇宙里，只有一个神，就是脑的主人：人。

自然的力量，让人成为大脑的主人，成为脑宇宙的"神"。但是，"神"并不知晓如何使用脑宇宙的力量，拼命挣扎，不得要领。"神"仿佛被自己的力量困在自己的神域，不得伸展。

作为脑宇宙的主人，同时也曾是名超常儿童，我记得自己几个月大时连翻滚都不会，躺在大炕上，眼里所能看到的事物。那记忆特别清晰，如今只要去回忆，去调取往日记忆，仍历历在目。

那是没有书、没有玩具、没有朋友，也几乎很少有社交的童年。我也是被困住了的"神"。虽然我有如何操纵大脑的神力，但苦于没有外界足够的信息刺激，大脑始终处于饥饿状态，不得发展，没有力量。

如今，我记得的一切，一切的缺失，在我成为父亲后化为强大的力量。我孩童时所缺失的，我的孩子绝不会缺失。我有能力，有十足的能力培养他成为自己脑宇宙优秀的主人。

我很想分享，我如何操纵大脑，使脑宇宙发挥不可思议力量的记忆、经验和研究成果。分享一些不可思议的记忆，那也许能更快地同频激发你的大脑。

对小学时遇到的那个"怪物"，我至今仍然向往。我们同是超常儿童，但他比我幸运，他的数学能力被充分激发了出来。于是，他走到了我在那时根本看不见的、更高的地方。

大学二年级，一个学习很优秀的女生和我们几个男生哭诉，她说她在宿舍受到排挤，平时自己都特别考虑别人，轻声关门，小心动作，礼貌有加。但是，同宿舍的室友极其粗鲁，一点儿也不拿她当回事儿。她没有克服心理上的障碍，整个大学期间都放在与人交恶上，最终成绩平平，黯淡离场。

有一个日语系的清华高才生，院领导引荐他和我认识。那是我入职的第一年，负责价值 7000 万元的仪器设备的检测及使用维护。清华某个实验室也在我公司所在的园区。出于检测合作的需要，院领导认为有必要让那个实验室的负责人和我对接。冰冷、高傲、不可一世，这是年轻高才生在我脑子里清晰的记忆，但他的五官长相我一点儿都没有记住，这非常不可思议。还记得院领导一转身间，我主动伸出的手被晾在空气中。高才生闪了一眼，再不正眼看我转身离去。后来，七八年后，听原来同事说这人因为盗窃被开除了。他是不是清华毕业，或者到底是从事何职，也不清不楚。可惜的是，大脑具备记住一切的能力，但是不具备主动遗忘的能力。

初中同班的一个男生，从双杠上掉下来，右臂骨折，恢复了很久，大约一年。我也奇怪，为什么恢复那么久。观察一下才发现，他可能很久之前就已经恢复了吧，但是他无论走路还是跑跳，都夹着胳膊，让人感觉他的右臂还在恢复中。成绩也随着他夹着的右臂，直线下降，成为班上的后进生。

我很喜欢小学的劳动课：拔草。一大片学生齐刷刷地拔光了整个操场（一圈 200 米）所有的杂草，顺便清理了垃圾。还特别喜欢劳动课上做服装、剪裁、缝制。我其实从很小就开始自己给自己找事儿干，踩着凳子做饭，还不怎么会走路的时候，穿针引线，缝爷爷袜子上的窟窿。

孩子应该"德智体美劳"全面发展，不是唱念的口号，而是特别符合脑宇宙发展的科学方法论。

五育融合得好，孩子才能成大才。

三、囚笼

今天我生活的一切，一切的生活，都是从我 4 岁时对着镜子自问自答开始的。

在脑宇宙里，神只有一个。但总有外来的神想要闯进来，干涉、乱来。于是父母看孩子的成长，不得始终。"是不是我们太熟了，所以你想怎么对我说话就怎么说？粗暴、无理、任性。但我依旧爱你，即便身在囚笼，依然爱着。"

我们都需要爱，我们都不懂得怎么去爱。

"是不是你觉得我属于你，所以想怎样就怎样，完全不和我商量？想让我做什么，我就必须达到你的要求，也完全不会事前听我的半点儿意见？"

父母和孩子间的关系，一贯如此。囚笼，由此而生。出生，即是囚笼。

人生不如意十之八九

伟大的爱因斯坦，十几岁，在慕尼黑的街头第一次看到军队伴着笛声和鼓点经过时，哭了。当然不是因为激动，而是惧怕。他和父母说："我长大绝对不可以成为像他们一样的可怜人。这些军人怎么能够做到如此得意，随着军乐在队列里行进的呢？看他们这样，就足以使我对他们这些人鄙夷不屑。这些军人，他们之所以长了一个大脑，只是出于误会。"

但当他大学毕业，放弃德国国籍四年之后，为了加入瑞士国籍，却按照瑞士的要求急切地申请服兵役。当然他没有加入军队因为爱因斯坦有汗脚和平足以及动脉曲张，最后被军队拒绝了。（作者翻译自沃尔特·艾萨克森 Walter Isaacson 所著爱因斯坦自传，*Einstein：His Life and Universe*）

很多时候，生活如"囚笼"。很多年轻父母小的时候，是否也在课堂上表示过，未来想要成为爱因斯坦那样伟大的科学家？但是，有多少人通过爱因斯坦的传记，近距离认真地看过这位科学家？

生鱼片

我失去母亲以后，很长时间都带着想象中母亲的爱和温暖，生活在囚笼。那是必须面对和躲不开的缠绕和牵连，生活的死角。我记得那时候的很多不堪，无所适从的不堪，无处可躲。有一次，一个表妹带着我去和她认识的大老板吃饭。这表妹从不叫我哥哥，也不会叫我的名字，而是和家里的长辈一样称呼我的小名。但她会叫身边非常富有或者高官家的孩子哥哥、姐姐。那次席间，我听他们聊天听得很认真。并不是聊天内容有多么重要或者精彩，而是出于第一次见面的礼貌和尊重，也出于我那个时期的狼狈，心思都是散开的，不得聚焦。迷迷糊糊地，把生鱼片涮着吃了，也被他们看见了。

这个大不了的琐碎，成为那顿饭的话题。表妹极其震惊，也极其不满，觉得我让她丢人了。那个大老板极力为我开脱，说生鱼片涮着吃也是一种风味。我听着他们的一来一回，无从理解，全无反应。等回到住处，这个话题还没有结束，表妹继续表达她的不满，我也继续在半梦半醒之间。

安静的早餐

每天早上起床，我都希望在安静中，以慢节奏开始。一天，应该是徐徐展开的。

我的大脑需要一点点苏醒，我的心希望爽快地进入一天的节奏，由我自己掌握的节奏。我希望先透过窗子，看一看蓝天白云，听一听微风。找一首喜欢的音乐，听着、思考着我热爱的物理，进而开启美妙的一天。但这种幻想，不可能实现。因为祖母的节奏很乱。她要主导我和祖父的一切生活琐碎，也同时把我生活的感觉和节奏打得稀碎。

我深爱着祖父、祖母，但也特别希望他们懂得孩子，懂得节奏，懂得这个世界培养人的方式是有规律的。但不可能，对吧？我从四五岁开始就经常对着镜子自问自答：对，不可能。

所以，安静、自由、畅快地开启一天，成为我整个童年、少年、青年甚至成年都不得的梦。在我的悉心照顾下，祖母于 93 岁离世；在我快 40 岁的时候，她离开了我的身边。而我剩下的人生还有多长，还有多少意义呢？

我知道，我的孩子昫昫和我一样，或者如果你希望自己的孩子成为状态稳定的超常儿童，就安静地、舒服地让他们开启新的一天，不要吵嚷，不要赶赶落落。不要急不可耐地催促孩子起床、吃饭，不要以自己的喜好、高兴干扰他。如果你不能理解儿童的发展就安静一点，至少安静一点儿可以吧？可以允许我们早上一点点开启，我们的超级大脑，以及可以大量获得长期记忆（long term memory）的不可思议的一天。不要再干扰我们的成长和发展了。

电影

我的母亲刚刚去世，我坐在母亲生前给我买的电脑前看电影。一个表姐走到我身边，高傲地质问我："你看这有什么用呢？"我很想在那个囚笼里回答她，但又不知道怎么回答。至少，在很多年之后，当我做企业路演（Road Show）的时候，图文影的概念已经在我的心里绽开了火热的花。如何用舒服的节奏去表达你企业的核心，如同电影呈现的一般。你在投资人、合作商、用户面前的呈现，就像影片的豆瓣、猫眼、烂番茄、IMDB、MTC 等的评分一般，高下立现。另外，电影、纪录片、慕课也都是很好的增加长期记忆储备信息底量的渠道。阅读纸质书籍，读得进去、读得畅快、读得不想吃饭睡觉，才是真正的阅读，所有的孩子都可以达到"不给书看就会大哭"的阅读境界。当然，如果"影"的方式也能让你得到重要的可以用于生活实践的信息、素材和灵感，为何不用？

虽然，我现在还能保持每年阅读大概 150 本书这样的节奏，但是，经常会控制不住自己去看一些纪录片和访谈，捡食那些大家咀嚼完了吐出来的"路数"。也许，再阅读几年、十几年，就能弥补曾经在囚笼被打乱了的节奏，弥补对大脑发展的严重疏失，弥补心理上爱的缺失。但很多事情，错过了就是错过了。

阅读

我的零花钱，从没有多到足以让我购买喜欢的书籍。阅读，有很多种方式和素材。最佳的方式，当然是阅读纸质书籍。但是，当我的大脑准备好了，8岁，随便看什么都"过目不忘"的时候，我除了翻出家里所有带字的纸，大快朵颐以外，别无出路。我被牢牢锁死在囚笼里。我没有昫昫这样的父亲，可以帮我购买万册绘本，各种益智玩具，购买那么多的拼图积木。我从出生，能看到的世界就很小。我只有手里的300多个，准确地说，应该是379枚杏仁核。这些"兵将"可以根据大小和形状分为四个类别，可以用来玩我在头脑里构建的不同游戏，从早上玩到晚上。一边玩儿，一边把看过的家中所有文字，包括字典、词典、药品使用说明、血压计使用说明、生活开支的账本、爷爷放私房钱的位置等，不停地背诵。那就是我的全部童年。还有因为我而导致的爷爷奶奶的争吵，致命的争吵。

琴童

琴童其原意是侍琴的童仆。现在讲，就是少小练琴的孩童。中国的琴童超过了3000万人。上海音乐学院钢琴系副教授葛灏在5岁时，其父凭票购买了一台聂耳牌钢琴。从5岁学琴之日起，葛灏每天练琴8～10小时，上了小学练习时长减为6小时，经常弹到深夜12点。

苦练的主要作用是可以等到孩子11～12岁上初中，这时，孩子的天分开始起作用。有天分，乐感好，弹出来的旋律能感动人，是在这个阶段才能展现出来的。也就是说，如果没有之前的苦练，基本功不过关，即便有天分，最多也就是业余水平（钢琴十级属于业余水平）。当然，勤学苦练，如果后来发现没有天分，又是另外的故事走向了。

2001年，葛灏以专业第一名的成绩考入德国科隆音乐学院。2004年，葛灏返回母校上海音乐学院担任钢琴讲师，成为该校最年轻的老师。

逼真

很多人血气方刚，对生活有着胸口碎大石般的血气方刚。但是生活是逼真的，不容你不服。在多年以后，我结识了我的妻子，由她亲手把我拉出囚笼。我过去 30 年的生活画上了一个句号。我也终于慢慢地清醒了，清醒之后，我开始慌乱，因为，我已经不可能在任何的舞台、方向取得成就。我热爱的物理方向，因为我的错误，亲手被我葬送在高中的课堂上。但后来，我回想，那真的是我的错误吗？我绝不会让昫昫有机会犯那样愚蠢的错误，我会好好地爱他、保护他，帮助他找到属于他的方向。

利用我在 2022 年出版的《改变，从家庭亲子阅读开始》一书中的"听看识理坐读用"帮助孩子具备优秀、超常的阅读能力的方法结构，和这本《每个孩子都可以成为数学家》中的"慧——智力能力；阅——阅读能力；时——适时入门；巧——适度激发；久——持续持久"，帮助孩子发展优秀、超常的数学能力的方法结构，父母在家庭中就可以很好地让孩子自由发展，快乐成长。

务实地述说，这才只是开始。我的书是帮助孩子有效提升智力能力。当然，包括阅读能力和数学能力，大脑得到优秀的培养和发展。之后，一旦发现了孩子可以发展的方向，在那个方向上，不可能不花费大量的时间。葛灏和他的父亲，陶哲轩和他的母亲，他们把人生最好的时间都专注地放在一件事情、一个方向上，从而取得了世界瞩目的成绩。

为何一定要如此，才能取得辉煌的成绩、成就？因为人生啊。人的一生，不就是这样的吗？因其短暂而美妙，也因其短暂，而底色悲凉。

成绩

最好的成绩，是得到世界的认可。葛灏曾在德国、荷兰、西班牙、阿根廷等地举办个人独奏音乐会，曾连续两年在德国、荷兰举办的欧洲国际音乐节上举行独奏音乐会，获得金奖。2006 年 31 岁的陶哲轩获得菲尔兹奖——这是数学领域的国际最高奖项之一。因诺贝尔奖未设置数学奖，故该奖被誉为"数学界的诺贝尔奖"。

当我发现我的孩子昀昀，在快乐的家庭培养中，已经得到了很好的智力能力的基础，以及超常的阅读能力时，当我确定他对数学的喜爱时，那接下来，每天一定时间的数学练习就成为不可能逃避的功课。但这和那些被父母逼迫的琴童不同，绝对不同。

阅读也好，数学也好，都不需要等到 11～12 岁。琴童的人生，有点像一场"豪赌"。而阅读和数学，截然不同。孩子 3～4 岁，就已经可以有一些数学方面的优势和强势。而且，数学五花八门的展开方式，也不同于琴乐的单一、枯燥。阅读和数学，可以让孩子充分展开，攀登峰顶，可以完全不需要强逼硬拽。只要方式和节奏正确，孩子一定会自得其乐，成就非凡。

三种人生

第一种人生，我当然希望更多的孩子走上陶哲轩、华罗庚的数学之路。在他们自己喜爱的路上更早地全情投入。当然，从数据上看，陶哲轩比华罗庚先生发力早了很多年。也因其相对优越一些的家庭条件吧，但陶哲轩的家庭其实也是普通家庭，不比虎妈蔡美儿的显贵出身，但在孩子培养上却远超过她。

在这样的人生里，在快乐的氛围中，尊重孩子的意愿，伴他寻找方向，等待发展时机的成熟。只有从孩子出生后，前期的家庭培养得当，孩子的智力能力才会得到充分的发展。而且，心理方面，情感智力（Emotional Intelligence）的培养和稳定也极其关键。德智体美劳全面发展的孩子，更容易成才。当一切都准备好了，也都看清楚了，陶哲轩的母亲开始发力，帮他寻找学校跳级学习。当然，今天，我们有了极其发达的互联网和网上课程资源，不需要像陶哲轩当年那样，必须到学校里，旁听高年级的课程。

第一种人生，也许是很难被世人所理解的华丽人生。很多人，可能会不以为然。没关系，哲学的思考，每个人都有，也都有所不同，君子和而不同。

第二种人生就是在早期，孩子得到了很好的培养。但之后，佛系的父母，不希望孩子太早确定未来的发展方向，也就不会陪孩子就一个方向，每日大量练习。父母会选择让孩子随着学校的优秀教育，自然发展。这也是非常不错的选择。

第三种人生，很多愁苦都来自此。这样的家庭，父母在孩子小的时候不陪伴，等孩子大了又不放手。很多忙碌的父母，顾不上孩子，这是全世界都可见，也都能够理解的。所以，你会看到美国作者撰写了《没有父爱的美国》。

偶尔闲暇，看了一眼孩子的作业，突然间就慌乱了的父母也不在少数。这个世界的众生，想要控制自己在陪孩子做作业时不发怒，远比戒烟、戒酒要难得多。不重视孩子的智力能力的发展，仅盯着试卷和作业，如同逼着 3 岁的孩子跨栏。

孩子的作业写不好，上课不听讲，考试成绩差该怎么办呢？解法我都写在这本书里了。

成绩越差的孩子，反而越不能补习，这是科学。成绩好的孩子，都是来自阅读能力。有好的成绩、有了不起的成就的人，都是出自有父母特别好的陪伴的家庭。

错过

慌乱，来自对世界和人生的不理解。我就是这样的人。我错过了最好的童年、少年和青年。我 30 岁之前，所有的精力都放在照顾家人上，却没有人照顾我。当然，我指的照顾是我现在对昫昫这样的，科学的、符合自然的，有心理学、语言学等多门学科融合的知识力量护佑的照顾。

确实，奢望是吧？ 4 岁开始，我经常对着镜子自问自答：希望祖母能稍微安静一点儿。我需要安静地思考，需要很多书，但是不可能，对吧？对。

在我的人生发展线路上，我无疑是失败的。

陪伴昀昀学习数学，以及日后学习物理，我都非常清楚，往前我无所适从，我当然没有这样的力量陪伴他太久。而往后，我也会忐忑不安，没有走上线路之前，肯定会忐忑不安。所以，我几乎每天都捧着自己写的书，提醒自己：这些来自几百本著作、上百位专家学者的智慧，以及我实际育儿的实践经验所融合的，花了那么多年写出来的育儿实操手册，我一定要用好它。

我的书，写出来，就已经不再属于我了。而每天按照书里的方法，不断地校正我的育儿手法，是我在囚笼之外，真正的人生的开始。每一天太阳照常升起，人类终于承认了哥白尼的日心说。我睁开眼睛，很安静地看着身边正在醒来的昀昀，听着昀昀的妈妈在厨房轻轻地忙活。

我是谁呢？我在哪里呢？安静、嘀嗒，安静、嘀嗒。每一个齿轮开始慢慢地转动起来，大脑宇宙中几百亿个脑神经元开始全面苏醒。有一种叫作灵魂的东西，在囚笼外的每一个早上，唤醒我对未来的、不断提高的期待，原来那种期待才叫未来。

四、数学马拉松

学习是一种消耗。但对数学家而言不是，因为他们热爱学习，热爱学习数学。

我的孩子昀昀 4 岁的时候，曾经尝试学习数学。他用半年多的时间，学完了小学四个年级的数学课程。但我后来及时让他停了下来，因为他还没有爱上数学，他更热爱阅读。小的时候，不给他书他就会大哭，晚上不睡觉，急着要读书。

当然，我知道，孩子对书的热情绝不是天赋，而是人为。是因为我的妥当培养，方有此效果。

著名数学家陶哲轩 2 岁开始学习数学，因为他的父母发现了他对数学的热爱。我的孩子差不多也是在那个时候，我发现了他对于文字和阅读很在行。于是，我的孩子和当年的陶哲轩，按照各自的时间线走上了不同的道路。但是，当我的孩子 4 岁时，我听说了陶哲轩的故事，也想给孩子尝试一下，于是就有了惊人的发现。

每个孩子都可以成为数学家，这句话是我在梦里想出来的。如果是同我一样，长期处于专注一项工作状态中的人，肯定明白我的意思。梦里解决问题，是专注投入一件事情的人的头脑经常会做出来的事情。那是大脑本就具备的能力。

我让热爱阅读的昀昀，在 4 岁停下他正在阅读的英文版《哈利·波特》第三部，然后开始学习分数（fraction）。他也会乐意，但绝不像阅读英文哲学《苏菲的世界》那般享受。所以，我赶紧停下来，让孩子继续做他喜欢的阅读，并想方设法，慢慢带他靠近数学。

数学，其实很像是一场通往宇宙的马拉松比赛。总长度决定了宇宙的直径，而至今，没有一位数学家曾经跑出过地球。从这样的宇宙尺度来看，丘成桐、华罗庚、陈省身和我的孩子昀昀之间几乎没有什么差距，所有的孩子和世界上最伟大的数学家之间，也都没有什么差距。在暗夜，孩子们和历史上的数学巨匠仰望璀璨的星空，搭建人类和浩渺宇宙之间的天梯。

数学，这项通往宇宙的马拉松比赛，跑道永远都在那里，没有限制，没有阻拦，想跑就可以跑。每一个孩子都可以跑。

所以，其实只有两种人：一种人跑在追求数学的马拉松跑道上；一种人放弃了奔跑。他们可能是国际数学奥林匹克竞赛（IMO）的金牌得主，在竞赛中取得名次的同时也完全失去了对数学的兴趣。

他们可能是一个时代里举国关注的神童天才，但过往的外界压力负荷，压垮了他们学习任何科目的热情和信心。

他们也许是因为一道算术题不会做，而被父母狠狠批评的未来数学巨子，比如，当年年少的许埈珥，而今，他已是获得数学界顶级国际大奖菲尔兹奖的数学家了。但有更多孩子，是不会有许埈珥的好运气的。因为父母、老师的责骂批评，使得他们很早就远远离开了数学马拉松的跑道。

学习是一种消耗。总有一天，我的孩子昀昀不惧这种消耗，因为他已经开始热爱，热爱着数学。

他也许背小九九都需要很久，但他看 13 分钟圆周率就记到了小数点后面的 189 位。他有时候很慢，我从来不催他，但有时候他的思考如闪电一般，会把我狠狠吓一跳。

从龚自珍大喝"我劝天公重抖擞，不拘一格降人才"的那一刻起，无论是往前追溯，立足今天，还是随着时间轴望向明天，中国这片土地上，一直都在诞生无数各具特色、天生就会学习、爱读书的孩子，只是他们没有被父母发现，或者正在被父母的不当教育而埋没了。

只要孩子从出生起，对这个世界的热情没有被扑灭，每一个孩子都可以走上通往宇宙的数学马拉松跑道，每一个孩子都可以成为数学家。

五、妈妈

孩子从出生起就专注于两件事情：一是寻找他们在家庭中的位置；二是学习整个世界。在孩子的眼睛里，最为宝贵的就是抱着他的温暖温柔、味道特别好闻的妈妈。妈妈是博学的，妈妈的声音特别好听，妈妈很美，妈妈是孩子与这个世界关联起来、和孩子最紧密的依靠。有了妈妈，孩子能更加自信、有爱、热情、善良，能成为了不起的数学家。

　　而身边的父亲，孩子眼里那个高大威猛、支撑起这个家庭的巨大的臂膀和力量，千万不要对孩子最为爱惜的妈妈，有任何的不尊敬，不爱惜。父亲应该让孩子看到他对孩子妈妈的爱之深、疼之切。坚强如石的父亲，在孩子妈妈面前也会变得温柔起来。

　　孩子的心里更甜，他觉得自己实在是太幸福了，他居然拥有这个世界上最宝贵的、最珍贵的、最无价的财富——妈妈。这个毛茸茸小脑瓜的小家伙，在这样的甜蜜中，慢慢地健康成长、生根、出芽、茁壮、长成、参天！

　　我儿时没有妈妈的陪伴。所以，当我的孩子出生以后，我更加宠爱我的妻子，爱惜着我的孩子昀昀心里最珍贵的宝贝，我的妻子、他的妈妈。

　　我知道我在求学上没有成就的主要原因，是父母从小没有陪伴在我的身边，没有给予我足够的爱，以及我的家庭对于我教育方面的疏忽，甚至是极为少见的限制和束缚。

　　身为父母，我们也许不能培养出世界级的数学家，因为数学家是需要自己发展成长，不得干预打扰的。但很多对孩子并没有深刻了解、对育儿没有深刻理解的父母，以及对孩子的发展过度功利、舍本逐末拔苗助长的机构教师，却很可能把一棵本可能未来参天的数学家种子糟蹋在萌芽时期。

　　我有一个很特别的童年，我的自身发展曾被长期约束、束缚。但我也非常幸运，我清清楚楚地记得童年至青年，那些无法被我的家庭满足的所有对世界探求的渴望。带着这样的记忆和之后很多年的思考沉淀，我在 2015 年成为一名父亲。我尽力做好我的家人不曾做好，或者根本没有做，或者做得很糟糕的事情。我不断提升我对教育的理解，以及对世界，特别是对自然的理解，理解什么才是真正的优秀人才，理解我们国家教育系统、教育体制的卓越不凡，理解"尊重体制内每一位人民教师"对家庭而言非同小可的重要意义。

每个孩子出生之后，都在卓尔不凡地学习着这个世界。在自然的广袤和更大的未知世界面前，我仿佛能看到，那些卓尔不凡的孩子，立于天地之间，望向宇宙，探索无垠。

六、读书的孩子灵魂不会挨饿

上学和读书是两回事。我小时候没有父母陪伴，没有亲子阅读，苦于家中没有几本书可读。加上父母认为有了体制内教育这样的捷径，不读书，仅靠学些知识考考试也能前行。

体制内教育是趟快车，对于很多不读书的孩子，上了车还来不及思考，就已经到达再也回不去的地方。

这样一来，听闻一个人读了几百本书，也觉得了不起，但听闻一个人吃了半年的饭、几百顿饭，也没人觉得他了不起。这样一来，听闻一个人从来不读书，也没人觉得是件多坏的事情。但是听闻一个人半年没吃饭，肯定这人已经不在世了。

我被困了半辈子，当了父亲才终于离开了原来的那种困境。之前那么多坎坷，没有力量和智慧，都是因为学上得不少，但是书读得太少。思想饿成了呆子，怎么可能不遇到坎坷？上学和读书是两回事情。上学是搭上快车，读的孩子，灵魂才不会挨饿。读书明智，下了快车，知道接下来的方向，不会像那些只会考试不读书的孩子，耽误了半生，最后只能在成为父母之后，才有机会找回人生智慧的方向。如我这般，虽有遗憾，但已不再彷徨。

七、师者

我没在体制内上班很久了，有时候我想，我不能再管自己叫老师了吧，应该不能了。

　　但是白天晚上，我都在琢磨怎么让更多家庭的孩子把书读好。不是读多少书，或者读多么难的书，而是孩子自主愿意读，善于读。我觉得我在做的是一份职业。

　　以前遇到过一些人，对此不理解，对在家陪伴孩子这件事情嗤之以鼻。我不认同，那我就自嘲我是"臭带孩子的"。给孩子换尿布、洗衣、做饭各种忙活的爸妈身上就有孩子的臭味。孩子身上的臭味让我觉得踏实，我也认为那是世上最美的"香味"。

　　家庭亲子阅读应该可以成为一份职业，我也期待，不，应该是梦想，可以成为这个职业里的一名普普通通的职业工作者。

　　为了祖国孩子们的未来，贡献我的一生。

窦羿

2022 年 11 月 29 日　北京

每个孩子都可以成为
数学家的依据

Memory is the residue of thought.

记忆是思考的残留物。

——丹尼尔·T. 威林厄姆 （Daniel T. Willingham）

成为数学家的五个要件

我在上一本书《改变，从家庭亲子阅读开始》中，就孩子在家庭中的阅读能力培养，给出了一个结构——听看识理坐读用，分七个要件，即听为上、看在先、先识、后理、坐中间、读书万卷一二载、静默有度用必然。

在家庭中，家长培养孩子做好这七个要件，孩子的阅读能力就可以被充分开发。

本书中，我会把上本书中最为精彩重要的"听看识理坐读用"这七个要件在新的梳理的基础上呈现给读者。同时，就本书的重点，即孩子的数学启蒙及系统学习，我将再给出一个全新的结构，即"慧阅时巧久"五个要件：慧——智力能力；阅——阅读能力；时——适时入门；巧——适度激发；久——持续持久。

什么样的孩子可以成为数学家

我的孩子昫昫小学一年级才上三个月，就交到了很多好朋友。"结交好朋友"这一点，在后面的章节，当您读到"超常儿童培养"的相关内容时，应该会对此感触颇深。期待有一天，我的孩子会和他在意的朋友说："我们相约一起成为数学家吧。"如果有一场重要的考试，他会把所有复习资料和与之相关的经验与落下功课的朋友分享，会花时间给朋友补习，帮助他 / 她通过重要的考试。甚至，最后的考试成绩，朋友或许得了满分，而我的孩子昫昫分数稍逊，那都是极好的。有朋友一起，奔赴数学之路特别重要。

所有的考试，也仅仅是考试而已，孩子在学校里面对的，无非是无数场考试。考试本身并不重要，考试之后通往的未来，才是家长应该更为关切的问题。我们这一代在很小的时候，也会被老师问及未来想干什么，回答不外乎当科学家、警察、战士、消防员、雷锋等等。只要那时心里认为是对的，是有力量的，就会不加思考地将其选择为未来的理想，并在小学的课堂上，在老师和同学面前公之于众。但那种脱口而出的理想，经不了几年就破灭消逝。这种无源之水、无本之木，可惜了年少时最好的天资。

我更希望我孩子的理想有理有据，有劲儿能使得上，能有的放矢。

就让孩子把理想放在数学上吧。选择数学，有很多可以切实落地的理由。

数学，集难度和技术含量为一体，是值得任何顶级智商的人全力投入一生，也未见得最终能有大的建树的巨量宇宙。但作为数学家，每前进一小步，都是给人类的发展做出了值得记载在历史丰碑上的贡献。这是无上的荣誉。

成为数学家，也不一定非得是拥有非凡智慧、智商奇高者才能从事。

只要有决心毅力，特别重要的是有兴趣，就能努力前往。数学，没有捷径可走，那些每每考试第一，上了顶级名校，但追求名利富贵之徒，也不会在数学上有哪怕些微的建树。

如果孩子以成为数学家为目标，而且这个目标并不高远艰难，那么沿路的发展，就会焕发出人类智慧的光芒。孩子会努力结交志同道合的朋友，会努力拉动后进，也会为朋友的获奖、荣誉真心喝彩。数学之难，需要很多人众志成城，如丘成桐、陶哲轩、华罗庚、陈省身等顶级数学家，身边都有很多顶级数学家的友人相助，共谋数学发展，共同进步登高。

我们相约一起成为数学家吧，每个孩子都可以成为数学家。

让孩子把圆周率记到 300 位的方法

我的孩子 6 岁时，可以自己研究并学会如何完成 10 层 1023 步汉诺塔的移动，一气呵成，毫无失误；可以记忆圆周率（Pi）π（就是圆的周长与直径的比值）小数点后面的 300 位。这些都是孩子具备数学能力的表现。这种表现可以对应《韦氏儿童智力量表》所测试的四大维度指数——工作记忆中的数字广度。[①]

有人说，记忆圆周率有技巧，而针对那个所谓的技巧进行的任何训练，都是对孩子认知发展的一种伤害。有些课外机构带孩子过度训练，让不明就里的家长，把孩子送到这些所谓的"教师"手上糟蹋，令观者扼腕叹息。

[①]《韦氏儿童智力量表》：英文为 Wechsler Intelligence Scale for Children，简称 WISC，是美国心理学家韦克斯勒编制的一组采用个别施测的方法，评估 6 岁至 16 岁儿童智力水平的测验工具。自 1939 年第一套韦氏智力量表诞生以来，各类的韦氏智力量表相继问世，对心理评估和诊断产生了深远的影响。韦氏智力量表作为当今世界上使用最为广泛的智力测验工具，对于临床心理学和学校心理学领域有着杰出的贡献。

昀昀完成汉诺塔 1023 步的移动　　　昀昀可以轻松记忆圆周率小数点后 300 位

　　实际上，我所做的不外乎每天让孩子对着圆周率看上几分钟，大概几天时间，孩子就可以轻松记忆到几百位了。这是对孩子认知发展水平的一种评判方式，同时也是发展孩子认知水平的一个很细小的技巧方法。做这样的尝试，前提一定是让孩子觉得好玩才行。而在这个过程中如何引导和陪伴，如何让孩子在记忆圆周率的过程中开心自得，那就像如何让孩子爱上辅食，怎么让孩子吃饭痛快一样，需要父母各展所能，想自己的办法了。

　　对于孩子的培养，绝大多数的父母知道得实在太少。而在家庭教育的传承方面，我们的基础也是很薄弱的。很多年青一代的父母，他们的父辈大多不懂得如何教育培养孩子。因此，年青一代的父母，很难从自己的上一辈那里学到教育的真谛。我作为曾全职育儿的父亲，立意的出发点是清醒而深刻的：一定要用真实、务实、有效的方式，科学地培养孩子，让孩子优秀且健康。一定要求真、务实！

孩子的阅读水平超越三大神童，我是怎么做的

科幻小说《三体》，是刘慈欣创作的长篇科幻小说，由《三体》《三体2：黑暗森林》《三体3：死神永生》组成。《三体》第一部经由刘宇昆翻译后，获得了第73届雨果奖最佳长篇小说奖。2020年4月，《三体》被列入《教育部基础教育课程教材发展中心 中小学生阅读指导目录（2020年版）》的高中段。

这样的一部由教育部推荐高中生阅读的小说，我的孩子昀昀6岁就已经阅读完了第一部，大概20万字，而且阅读的还是英文版。阅读英文版的同时，昀昀还在喜马拉雅平台收听与之配套的《三体》有声小说。最热火的时候，孩子早上一睁开眼睛，打着哈欠，懒腰还没伸完呢，就急切地要求我或者他妈妈给他打开喜马拉雅听《三体》。

昀昀5岁就开始阅读英文版哲学小说了。大家比较熟悉的《哈利·波特》1～7部，英文原版共计300多万字，昀昀6岁半之前就已经读完。从数据上看，在阅读方面，昀昀已经超越了20世纪70年代家喻户晓的三大神童干政、宁铂、谢彦波。他们的故事，后文会有详述。

昀昀阅读英文版的《三体》

我有一个研究生师妹曾就读南开大学英语翻译专业，她回忆说在大学四年里，她抽出大部分业余时间，读完了英文版的《哈利·波特》1～5部。

而昀昀读完《哈利·波特》1～7部，大概用了不到一年的时间，其间也是断断续续，还有很多其他事情要做。

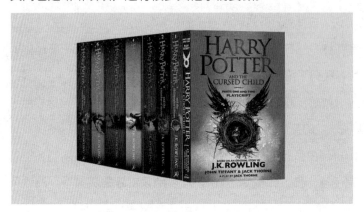

《哈利·波特》1～7部英文原版共计300多万字，昀昀不到一年读完

像昀昀这样的英文阅读水平，应该是大部分即便从事英文教学工作的老师、教授，也未必能达到的教育水平——6岁不到就已经热爱阅读，且阅读水平如此超常，实现了英文阅读自由，可以随心做自由自主阅读，自主学习学问。

以上叙述，我并不是想说作为孩子父亲的英语教育水平，能够与任何英语老师、教授相提并论。虽然我也从事过英语的翻译及相关工作，但我完全不懂得如何教授小孩子字词语法。对于我的孩子的成长，我一直秉持的是"不教之教"的理念，即我不对孩子进行任何直接教学，不教孩子任何知识内容，不教单词，不教语法，不教发音，等等。

用自然的力量解决自然的问题

为什么我在孩子的语言及阅读教育培养方面，可以有一些别人很难达到的成效？原因大概有如下两点：

1. 从孩子出生，我就极为重视"学科融合"。我将与育儿相关的几乎所有学科，包括但不限于育儿启蒙、心理学、语言学、数学等诸学科知识进行了"按需融合"。在此基础上，进行"一点击破"。将学科融合的力量注于一处，精准朝"如何培养孩子"这一点发力，虽然路遇很多障碍和困难，最终都得到了化解。

经过几年的育儿实践摸索，我很幸运地发现"用自然的力量解决自然的问题"这样一个非常重要的"奥秘"。用自然的力量解决自然的问题也成为我育儿制胜的关键指导逻辑。用自然的力量解决自然的问题，同时也是顶级科学家们常规使用的科研方法。

现任香港中文大学博文讲座教授兼数学科学研究所所长，哈佛大学数学系和物理系终身教授，清华大学讲席教授、丘成桐数学科学中心主任，北京雁栖湖应用数学研究院院长，第一位获得国际数学最高奖菲尔兹奖的华人，也是继陈省身后第二位获得沃尔夫数学奖的华人，美籍华裔数学家丘成桐先生，在自传《我的几何人生》中介绍，他"以偏微分方程为经纬，把几何和拓扑联系起来"[1]，解决了数学的问题。用数学的方法，解决了物理学的问题。这都是用自然的力量解决自然的问题，案例生动而真实。很多人都没有注重在生活工作中使用自然的力量，特别是父母。

2. 我更注重孩子的自然成长。在我全职带孩子的几年里，从孩子的吃喝拉撒，从带孩子成长的每一天，我逐渐学会了应该如何融于自然，如何按照"自然的逻辑"进行思考，解决问题。自然才合理。所以，我自认为我的育儿是将 1978 年 5 月 11 日《光明日报》发表的本报特约评论员文章《实践是检验真理的唯一标准》应用到养育孩子的实际当中。

---

[1] [美] 丘成桐、史蒂夫·纳迪斯：《我的几何人生》，译林出版社 2021 年版，第 58 页。

1978 年 5 月 11 日，《光明日报》发表本报特约评论员文章《实践是检验真理的唯一标准》

在实践育儿的每一天，我都在寻找切实可行的方法。符合实际才是硬道理。能切中要害解决问题才是硬道理。绝不人云亦云，也绝不会被任何专家或者任何标准所固化所左右。正如我在本书中会罗列讲述一些知名科学家的事迹，如爱因斯坦、居里夫人、艾伦·图灵、丘成桐、

作者的日常阅读

华罗庚先生等，但我绝不会盲信他们。我叙述他们的生平，为的是看清他们的人生发展路线，分析诸多成长因素，从心理学的视角渐次剖析，从我作为父亲的所求出发，去索取我育儿所需要的方便。我想培养孩子超越丘成桐，必定需要从这些顶级名家身上充分学习取经。求真务实才是紧要。

如丘成桐先生，我并不像旁人那样捧其为"数学皇帝"。皇帝又怎样？皇帝亦凡人。更何况，丘先生也只是一位热爱数学的普通人。有一日，曾与丘先生见过一面，看他确是一位很可爱的老人。他的人生过往，有很多可以启发父母育儿的闪亮点，父母都可以借鉴、可以复制，特别是他在中国古文上的造诣，也是父母育儿一定要学习的。

丘成桐先生曾经为浙江大学数学科学研究中心写过一篇"志"，原文如下：

《浙江大学数学科学研究中心志》
丘成桐

共和国五十三年仲夏，浙江大学成立数学科学研究中心。

蒙校友汤永谦先生之厚贶，筑大楼于杭州湖畔。遂为文以志之。

登楼纵目，望孤山西湖，阅尽古今豪杰。

凭栏舒襟，看长空落日，悟得造物真微。

美矣尽矣，天地之德。

妙哉奇哉，筹学之质。

江南贤士，同心立命，将有大造于科研矣。

地处古都，接历朝之朱华。

水通江汉，揖南国之韶秀。

湖广万亩，台高百尺，可以调性情，阅经书，吟词赋，推数理。

夫数之为学也，究宇宙之造化，序人事之脉络，奠百工之根基不朽之大业也。

千禧伊始，万象维新，六合腾欢，八方企望。

有司具求材之急，国士有报效之意。

岂无感慨，敢用竭诚，奖掖有功，提携后进。

垂真理以昭日月，明明德以求至善。

推古今之学，聚诸家之言。

博雅为怀，科技为用。

著述于百代之上，而送怀于千载之下。

用是立所，以招来者。君子其勉之哉。

其辞曰：

天眷厥土兮人怀厚德。

构此广厦兮懿彼士吉。

永谦其名兮文琴是质。

筹学为率兮造化为骨。

献我赤诚兮四海同室。

奋扬真理兮千载如壹。

从这篇"志"中，我们可见丘成桐文字功底的深厚。浙江大学前党委书记张浚生表示："丘先生的古文功底哪怕是如今的中文系教授也没几个人比得上，若这是一篇高考作文，估计也能得满分了。"很多很不错的科学家，也都坚持日习古文。

"九州生气恃风雷，万马齐喑究可哀。我劝天公重抖擞，不拘一格降人材。"这首诗出自我国"今文经学派"大家龚自珍之口；同样大家耳熟能详的"师夷长技以制夷"一句也是出自龚自珍之口。作为中国"数学之乡"的温州，若要溯源，往前你会看到龚自珍和魏源的名字。中国历史上有大学问的科学家，他们或许受当时政治、经济、人文等方面的限制，才华抱负不得伸展，但他们的智慧凝结而成的诗文，经由岁月，延传至今，却是弥足珍贵。

中国的孩子一定要多学习古文、古诗，看能否借助"与诗共歌"同古人达成心灵上的相映连接，产生共鸣。孩子如果在小时便能看到古人的智慧，那么，认识更广阔的自然，使用自然的力量，便得之妙然。

巨匠大师也没有"三头六臂"，也都是凡人。只有如此，名人的故事对父母、对家庭才有了学习借鉴的价值和意义。我喜欢居里夫人的原因之一，就是读她的传记，不难感受她的"普通"：一位"乡间大脚"在家庭、科研、战场、学术界之间不断切换角色。她拥有坚韧不拔、聪颖智巧的头脑，以及强大的精神力量，但也同样有着无力、沮丧的真实人性。

人并没有什么大不了，通达自然，人才有了存在的价值。

数学大师与数学界的未解恩仇

丘成桐先生在自传中也会言其与中国数学界的未解恩仇。

"对于丘成桐，我一直对他在数学上的成就非常敬佩。但是他在其他方面的看法和言论往往失之过激和武断……对此，我与国内绝大多数数学家一样，深感痛心和忧虑。"——中国科学院院士，中国科学院数学与系统科学研究院研究员，北京大学数学科学学院教授、博士生导师丁伟岳如是说。

我以孩子父亲的视角，也会这样谨慎思考：未来如果我的孩子在12～14岁，因为数学能力达到水准，真可以去清华，去找丘先生学数学，会不会有问题呢？因为这毕竟是人的社会。水至清则无鱼。

辩证地看待一切，多学科融合，专注一处，用自然的力量，培养我的孩子。于是，我的育儿更符合科学研究的本质：科学研究是指对一些现象或问题经过调查、验证、讨论及思维，然后进行推论、分析和实验验证，来获得客观规律的过程。一般程序大致分九个阶段：实践、发现问题、思考和分析可行性解决办法、选择研究内容、研究设计阶段、实验验证阶段、整理分析阶段、得出结论阶段。

很多专业教师，在育儿上因为没有适时关注多学科融合，没有深刻意识到、没有经历过，或者根本想象不到孩子的早期培养（比如，0 ~ 6岁）对孩子的后续人生到底有多么重要，所有这些都不同程度地限制了他们在孩子培养上的教育水平的发挥。当他们教育别人的孩子时，局限性观念已然根深蒂固，很难有大的改观。

如果专业的教师教授也像我一样，更早关注孩子的自然成长，注重自然的力量，尝试多学科融合，最终致力一处，我相信，任何一位专业教师都一定会比我做得更好。

如何通过"不教之教"的方式，使得完全没有英语基础的父母，也

昀昀阅读英文原版《苏菲的世界》

能"教"会孩子英语，进而让孩子热爱阅读，在学龄前就有能力阅读英文原版书籍？回应这个问题，我给出了"听看识理坐读用"这样一套系统方法，也可称为"结构"。用此"结构"，我的孩子 6 岁前就已经具备可以阅读英文原版哲学著作《苏菲的世界》（*Sophie's World*）的能力，并实现了"英语自由"。

听看识理坐读用，每一个字，都代表一个部分，每个部分里面都含有相应的父母在家培养孩子阅读能力的方法。方法包含：经查阅足量文献书籍；经实践检验被验证可行的理论及知识点；经实践、思考和分析得到的可行性的解决办法（技巧）；为数不少的家庭实践案例。（详情参见《改变，从家庭亲子阅读开始》，光明日报出版社，2022 年 10 月）

培养数学家的结构要件

本书中，我给出了这样一个结构：家庭如何培养孩子学习数学，学好数学，并最终引导、启发、协助孩子成为一名为中国的建设做出贡献的优秀的数学家。

谓之"结构"，其中隐含了三重意义：

1. 完整。有了它，就足够了，其他就都不需要了。

2. 系统。所需的每个条件都清楚地呈现在内。比如，结构中的要件，即为孩子学好数学所需要的全部条件，本书均进行了清晰的图文展现。

3. 稳定。任何家庭按照这个结构如法炮制，都必定可以达到本书既定以及家庭期待的良好效果。

我在本书中给出的这个结构，包含五个要件。我会对此进行非常细致具体的讲解。

关于这五个要件，先大体来看。

慧：智力能力

要件一：智力能力

这是在家庭培养中，在很大程度上被父母严重忽视的要件。如果说，中国有大量的婴幼儿、少儿、少年人才被浪费或者被埋没，这个要件是首要原因。

智力能力，就其定义，首先，能力是人顺利完成某种活动或任务的心理条件。[①] 智力与能力是成功地解决某种问题（或完成任务）所表现出的、具有良好适应性的个性心理特征。智力与能力同属个性范畴，它们是个性心理特征。[②] 如何理解"个性心理特征"呢？就是每个孩子都不一样，但每个孩子都必须有。

家庭教育培养，要注重孩子的智力能力发展，在本书中涉及但不限于以下范畴：

1. 早期家庭中父母对孩子的认知启蒙。

2. 保证孩子每天的充足睡眠。孩子每天的睡眠时间可以参考以下标准。半岁：16～18 小时 / 天；1 岁：14～15 小时 / 天；2～3 岁：12～13 小时 / 天；5～7 岁：10～12 小时 / 天；8～11 岁：8～10 小时 / 天；12～18 岁：8～9 小时 / 天。【参见查子秀《超常儿童心理学》（第二版）】

3. 和自然多接触，散步、爬山都是很好的选择。

4. 亲密的亲子关系。

5. 情绪智力。关于智力（Intelligence）、智商（Intelligence Quotient，IQ）以及情绪智力 (Emotional Intelligence，EI)，会在后文中做

---

① 查子秀主编：《成长的摇篮》，重庆出版社 2002 年版。
② 参见北京师范大学心理学院博士生导师、教授林崇德老师《智力发展与数学学习》第二版。

详细解读及分析。

要件一智力能力，是要件二的必要准备和充分前提。

阅：阅读能力

要件二：阅读能力

就阅读而言，需要借助视觉、记忆力、语法分析、语言理解和情感等的共同作用。阅读需要依赖很多认知过程的共同作用。[1]丹尼尔·T·威林厄姆认为阅读的目的主要是理解思想，要么是别人的思想，要么是自己过去的思想。但我不完全认同，阅读的目的、范围更广大。在数学里，不仅仅是应用题需要阅读理解，看一个几何图形，这也是阅读，也需要阅读理解，也需要阅读能力。

优秀的数学教师会非常重视如何"迁就"孩子的阅读能力，能够更加直观地、易于理解地教授孩子数学。著名数学家杨忠道，1946 年毕业于浙江大学数学系，专长是代数拓扑和拓扑变换群，长期担任美国宾夕法尼亚大学数学教授。曾兼任数学系研究生部主任 4 年，数学系主任 5 年。在回忆自己攻读数学的历程时，杨忠道感念他在温州中学初中部的一位著名数学教师陈叔平。1982 年杨忠道回母校参加 80 周年校庆时，还特地出资在温州中学设立了"陈书平数学奖学金"。

陈叔平（1889—1943）在教授数学的时候，就非常注重形象直观的教法，千方百计自制教具图片，善于用有趣的语言深入浅出地传授知识。[2]

教师的作用，只是一个方面，或者说，对教师教学的依赖应有限度。

---

① Daniel T. Willingham：*A Cognitive Approach to Understanding How the Mind Reads*，2020.
②胡毓达：《数学家之乡》，上海科学技术出版社 2011 年版。

父母如有期待，那更多的应该是家庭早期培养，让孩子更早地具备更好的阅读能力。数学学习特别需要孩子具备优秀的阅读能力。

坊间流传爱因斯坦数学不好，实际上完全有悖真实。真实情况是，爱因斯坦 15 岁就已经精通微积分。7 岁那年，阿尔伯特·爱因斯坦的妈妈在向他的姨妈介绍他在班上的数学成绩时说："这次他又考了第一。"[1]

阿尔伯特·爱因斯坦的妹妹回忆，到了 12 岁，"他已经特别喜欢解决算术中的复杂问题了"[2]。"12 岁的时候，我发现仅仅通过推理，而不借助任何外界经验的帮助，就可以找到真理，这使我激动不已。"[3]

爱因斯坦对于科学的思想激励与其说是来自一位学医的学生，不如说是来自阅读。古老的犹太习俗里有一条规定：逢安息日，邀请一位笃信宗教的穷苦学生一同进餐。爱因斯坦的家庭对这一传统做了修改，每周四邀请一位学医的学生来家中吃饭。塔尔穆德就是其中的一位，他 21 岁时，给当时 10 岁的爱因斯坦带了一本《自然科学大众丛书》（*die naturwissenschaftlichen Volksbücher*）。爱因斯坦激动地说："这套书我是目不转睛一口气读完的。"[4]

时：适时入门

要件三：适时入门

引导孩子入门，即走上数学学习之路，不必在乎孩子的年纪，早一点晚一点都可以。关键在"适时"。适合孩子学习数学的时候开始，就

---

[1] Pauline Einstein to Fanny Einstein, Aug. 1,1866; Fölsing, 18-20, citing Einstein to Sybille Blinoff, May 21, 1954, and Dr. H. Wieleitner in Nueste Nachrichen, Munich, Mar. 14, 1929.

[2] Einstein to Sybille Blinoff，May 21，1954，AEA 59-261;Maja Einstein，xx.

[3] Maja Einstein，xx；Bernstein 1996a，24-27；Einstein interview with Henry Russo，The Tower，Princeton，Apr. 13, 1935.

[4] Walter Isaacson：*Einstein His life and Universe*，Simon, 2007.

是最好的。

有的孩子很早就展现了数学学习的天赋，小至 2～3 岁，如陶哲轩；也有的孩子晚一些，如 2022 年菲尔兹奖获得者、美国普林斯顿大学韩裔数学家许埈珥，二十几岁才开始爱上数学，并走上数学之路。

我的孩子昀昀 2 个月大时，我给他看黑白卡；4 个月大时给他看彩色卡；四个半月时小心尝试了怀抱坐立绘本亲子阅读，让小小的他在我怀里看绘本，抱着他在家里做指物练习；1 岁，使用单词绘本做指物练习，玩拼图积木；2 岁已经阅读了近千本绘本；3 岁开始听英文版《哈利·波特》；4 岁用半年时间学完了小学 1～4 年级数学，发现并不重要，及时打住，同时花了很多时间在益智玩具上面；5 岁开始阅读哲学书作，学会了魔方和汉诺塔，1023 步分毫不差；6 岁，圆周率记忆到了 300 位，因为对数字产生了自信，越来越喜欢数学，小学网课所有科目的会议号都能轻松记住，自主学习成了昀昀学习成长的一条有力的线路。

巧：适度激发

要件四：适度激发

我在《改变，从家庭亲子阅读开始》一书中有一小段对"鸡娃""鸡妈"的解读。我由心中生发出的一个词"鸡者自鸡"，是想告诉那些普通父母，不要在意"鸡妈""鸡娃"，她们有自己的自洽。家庭环境优越，父母智识超群，孩子智商超常，各方面条件异于寻常，带孩子培优也好，跳级也好，都是属于那样的家庭的一种气候，如陶哲轩。

但普通家庭，不需效仿，也不必惊慌，更不要焦虑，有的孩子适合快一点，有的孩子适合慢一点，但只要"适度"，都一样成才。

如果鸡妈能带出陶哲轩这样"早慧"的数学家，那普通家庭多一些乐趣，慢一些稳当一些，照样能带出许埈珥这样晚成的数学家。

以我的孩子为例，他就属于"慢"的孩子。通过韦克斯勒智力量表（Wechsler Intelligence Scale）的学龄初期儿童智力量表 WPPSI(4～6.5岁) 和韦克斯勒儿童智力量表 WISC-R(6～16岁) 的实测值，我的孩子加工速度较其他指标值出现显著差异。这与我在他的成长中，在他非常小的那段时间里，错误地开展奥数学习有关。但从自然和科学的角度看，以及从生活实际经验、我对孩子的理解等方面综合评估，我的孩子更适合在慢一点的节奏中跳跃前进。我不可能鸡娃，我的孩子昀昀也不适合当鸡娃。

快慢有度，适度激发，家庭应恪守此法，万万不可忽视。

久：持续持久

要件五：持续持久

以上要件都具备以后，接下来就是持续学习，持久发力，可能终其一生都在这条正路上。数学之路本身就是集难度之高、路程之久于一身的终生挑战。孩子必须具备可持续学习的自觉心，和可持久学习的坚韧力。以前，大家多是人云亦云地判定数学难，但到底怎么个难法，却又很难说清楚。

《数学与人文》系列丛书

我在阅读丘成桐、刘克峰、杨乐、季理真编制的《数学与人文》系列丛书中的《数学竞赛和数学研究》卷时得到启发，于是有了以下的分析：使用两个关键词"技术含量"和"难度"，来描述数学学习，就很容易说清楚了。

我们应该都听说过争夺奥运金牌、奥数比赛（国际数学奥林匹克竞赛的缩写，英文为 International Mathematical Olympiad，简称 IMO）、吉尼斯世界纪录（Guinness World Records）、高考、诺贝尔奖的工作、菲尔兹奖等活动，也应该知晓其背后的意义。可能很多人对最后这个菲尔兹奖了解不多，这里稍做解释：菲尔兹奖（Fields Medal），又译为菲尔茨奖，是数学领域的国际最高奖项之一，是依加拿大数学家约翰·查尔斯·菲尔兹（John Charles Fields）要求设立的国际性数学奖项，于 1936 年首次颁发。因诺贝尔奖未设置数学奖，故该奖被誉为"数学界的诺贝尔奖"。

以上这些活动，应该是大众都认可的，难度极高。虽然难度都很高，但是"技术含量"的差别就很大了。争夺奥运金牌的比赛，吉尼斯世界纪录的表演，都具备很好的观赏性。之所以有观赏性，是因为其技术含量低，观赏性的基础是感性而非理性。一旦技术含量高了，就需要观众进行大量的抽象思考，理解就吃力了，从视听上观众就会感觉"很累"，观赏性就会大幅下降。

所以，数学家的工作，解决一道难度很高的运算，是完全不具备观赏性的技术含量高，且难度也极高的活动。

其实，孩子从入学开始，从小学到高中为止，所从事的学习，是一项技术含量并不是很高，但是难度很高的事情。因为，要在如此短的时间内，为了未来可能从事的基础科学研究做巨量铺垫，巨量知识点在考试中被要求几十分钟或几小时内"按时完成"，难度不可谓不高。

相比来说，国际数学奥林匹克竞赛是技术含量更高一些、难度依旧很高的活动。

而真正的数学（纯数学）工作，比如菲尔兹奖等数学大奖所对应的数学家的工作，陶哲轩的调和分析、非线性偏微分方程和组合论方面的工作，安德鲁·怀尔斯（Andrew Wiles）于 1994 年证明的数论中历史悠久的

"费马大定理"的工作等，都属于技术含量极高，同时难度也很高的事情。

但不同于中高考或者国际数学奥林匹克竞赛，纯数学研究没有时间限制。数学家解决一个数学问题可以用几年、几十年，甚至一生、几代人的时间来努力。

英国数学家安德鲁·怀尔斯

1963 年，安德鲁·怀尔斯第一次接触费马大定理，到他对费马猜想的证明的两篇长达 130 页的论文发表在 1995 年 5 月的《数学年刊》上，经历了整整 32 年。这个数学问题自法国学者费马于 1637 年左右提出，到数学家安德鲁·怀尔斯最终将其解决，历时近 360 年，几代数学家共同努力，终得成就。

吴昊小学二年级时，在父亲的引导下，开始学习数学，以及参加国际数学奥林匹克竞赛。在 20 世纪 80 年代，能有这样意识的父母，绝不会放过孩子早期的语文学习。反过来，如果父亲不是觉得孩子具备一定的语言水平，心智（情绪智力，Emotional Intelligence, EI）成熟，也不可能动这个心思。

基于以上分析：

1. 吴昊在小学二年级之前具备了相当水平的智力能力，以及阅读能力，满足了要件一和要件二。

2. 小学二年级由父亲引导学习数学，满足了要件三：适时入门。

3. 从吴昊对过往回忆的感觉粗浅分析，她或者她的家庭并没有强行要求她一定要朝着国际数学奥林匹克竞赛的方向持续发力，而是当机立断适时转入了纯数学的学习，满足要件四。

4. 孩子在达到一定数学水平后遇到生命中的大师，比孩子被大师发现更安全。彼时，吴昊在合适的时机，遇到了两位数学界的顶级大师，均为菲尔兹奖获奖者。她生发了积极的学习数学的兴趣，志向清晰，根深叶茂，最终成为正在路上行走着的真正的数学家。

为什么一定要"趁年少立小专"

先说说"聪明"这个词。因其很难量化，所以，在过去成为一种主观判断，一直没有被重视起来。

知识，看似容易量化，一首诗就是一首诗，一道题就是一道题。

用知识存量判断一个人是否聪明，成为一种常态。比如，孩子甲会背诵一首诗，乙没有背下来，就会习惯性判断甲比乙聪明。

甲会做一道数学题，乙还不会做，同样地，会判断甲比乙聪明。

但事实，也许截然相反。乙可能比甲聪明，甚至聪明得多。

聪明，其实是可以细致量化的。25 岁之前，都可以通过细致手段，让孩子每天都比前一天更聪明一些，且完全可以实现数据量化，聪明了多少，数据可见。

按照慧（智商）、阅（阅读）、时（时机）、巧（手段）、久（持久）的顺序，通过阅读让孩子更加聪明，是培养优秀人才重要的第一步，而且是重要的大前提。

怎么让孩子变得更聪明，一直有两种说法在纠缠——

一种说：聚焦最高效提升孩子智力能力的事情，比如，亲子阅读、玩具、饮食睡眠、竞技运动和户外散步或者爬山。

另外一种说：大脑，从孩子出生后，不断地因"需"构建。大脑智商提升的区间是有限的。我们要尽力找到孩子最需要提升的智力能力是什么。找到之后，对它下手。最好的情况，是通过亲子阅读提升的智力能力，直接对应着孩子未来的专业需要。最差的情况，是检测人员告诉说：这孩子有个方面的能力极强，但可能一辈子都没机会用得上。

我们见识过总智商 162 的孩子，在测试过程中，写字都打哆嗦。原因

昀昀阅读埃隆·马斯克推荐
的《银河系漫游指南》

是父母过于凶狠地调教，这样出来的智商，未来可能很难得到好的发展。孩子甚至都有可能无法正常生活。

孩子的发展方向不同，大脑"塑形"的手段也必然不一样。

学文史的人需要"通史"，那就一定要记住阅读书目的名字和作者，这方面的阅读能力提升就重要，如克拉申的研究所论证的一样。

但克拉申的研究因为"大全"，也有局限性。比如，未来做科学搞基础理论研究的孩子，早期（10 岁之前）就不需要像克拉申说的那样"精细"阅读，不知道书作者是谁，不知道书的名字，也没有关系。

当下不着急"培养"的能力，可以先放一放，把时间放在对未来最有用、最实际的事情上面。比如，预估孩子未来是要搞科学、搞纯数学、钻研几何或者拓扑学的，那最重要的能力就是空间构建。对这样的孩子，把每个字读清楚，把字写规整好看，甚至连练习写字都不重要。

9 岁前，其实孩子都不需要练习写字。既可以从"双子爬梯实验"来推导出这样的假设，也可以参考历史上很多案例，比如，我国著名数

学家华罗庚先生初中时字还写得像"乌龟爬"。

抽象和推理能力，培养起来都相对简单，最难的是"构建"的能力。那孩子的早期阅读，就应该聚焦内容本身，不需要要求孩子像朗诵一样地阅读，也不需较真字词和语法，孩子理解内容是重点。

这样一来，就能匀出一些时间，可以让孩子多玩搭建类的玩具。也不需要"精修"语言。理解事物更深的本质，比"用语言特别精细地描述出来"更重要。

读者的孩子们玩搭建类玩具

当然，如果孩子很自然地就可以把内容思想很清楚翔实地表述出来，没有经过刻意的训练，那说明孩子在这方面的智力能力很强，也是很好的。

能力、兴趣、知识储备，我把孩子培养中的"收成"这样排序，也符合"慧阅时巧久"的逻辑。

在父母陪伴中，快乐长大的智商值高的孩子，后期培养专业兴趣，都不难。孩子对事物有浓厚兴趣是很了不得的事情，但如果智力能力不够，学起来、做起来会吃力。

在智力能力方面受限的孩子，他们喜欢的，一般也是难度和技术含量低的事情。极端的例子，是孩子只喜欢玩手机、看电视，而对其他都不感兴趣。

智力能力培养得好，兴趣逐渐形成，通过自主学习积累储备知识。这样的培养顺序，是更加安稳踏实的。

让孩子脚踩实处，自力更生。

为什么一定要学好数学

为什么一定要学好数学？无论从科研、科普还是坊间角度出发，这个问题的答案都各有千秋，但一定都是肯定的回答。我用两个历史上真实发生的故事来给"如何肯定这个问题"一些深入的描画。

第一个故事：华罗庚对数学专业学生就业的疑问

1946 年，华罗庚对苏联进行为期三个月的访问。其间，他发现苏联有为数不少的学生学习数学专业。仅格鲁吉亚大学就有超过 600 名学生学习数学，占学生总数量的近三分之一，而当时的西南联大数学系只有 30 多名学生。华罗庚询问格鲁吉亚教育部部长库柏拉齐："这么多学生难道以后都从事数学研究的工作吗？他们毕业后，有什么出路？"库柏拉齐回答："头脑受过数学训练的人，你还会担心他们没有出路吗？"①

第二个故事：爱因斯坦对没有学好数学的遗憾

当然，爱因斯坦的数学自小都非常好，只不过，在精深学习学问的路上，他没有特别聚焦于数学这门学问。爱因斯坦对物理学的直觉能力一直以来强于数学。于是在他探索研究新理论的人生中，未能在早期认识到物理和数学两门学科是可以进行学科融合的。在瑞士联邦工学院学

---

① 李建臣：《为数学而生的大师：华罗庚》，华中科技大学出版社 2020 年版。

习的四年中，他所有的理论物理课程都得到了5分的高分（满分为6分），而数学课，特别是几何学，都只有4分。对此，爱因斯坦后来说："很遗憾，在学生时代，我还不明白想要更深入地理解物理学基本原理，就需要理解最复杂的数学方法。"

10年后，当他正在为引力理论的几何学而绞尽脑汁时，方才明白数学之于物理是何等重要。晚年，爱因斯坦曾和彼得·巴基表达："我曾经固执地以为，成功的物理学家只要搞懂一些初等数学就够用了。很晚的时候，我才认识到，这种想法是多么错误。但为时已晚。"①

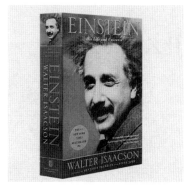

英文原版《爱因斯坦传》

第三个故事：国际数学奥林匹克竞赛满分金牌得主谈"何谓数学家之路"

数学家，其实是不在意名与利，而是一心一意追随自己热爱的数学问题，心无外物地投入其中的人。他们不一定是高校的顶级学者，或者科研单位的科学家，他们可能如张益唐般，一边在餐厅刷着盘子，一边做着自己喜欢的数学学问。

付云皓，是国际数学奥林匹克竞赛2002年和2003年连续两年的满分金牌得主，后任南方科技大学数学系讲师。2018年5月3日，《人物》杂志以《奥数天才坠落之后》为题刊发了他的事迹。随后，付云皓发文《奥数天才坠落之后——在脚踏实地处 付云皓自白书》进行了反驳，其中有这样一段与我们普通家庭父母有关，而且是就孩子的数学培养之路而论，值得思考：

———————————

① Walter Isaacson：*Einstein His life and Universe*，Simon，2007.

"有许多研究者学术能力很强，却始终棋差一着，终其一生也没能攻克想攻克的问题，但他们依然是快乐的，充实的。那些我花费十天半个月想明白的事情或许没有很大的价值，但多少是一些有意思的结论。而且，抛开研究的结果，研究的过程本身就是一件令人开心的事情了。"

什么是数学

对于这项技术含量极高，难度又极高的活动，会不会望而却步？一定不要，因为数学无处不在。真正的数学可以帮助人类解决极为困难且极为重要的问题。

1975 年 7 月 17 日，出生于澳大利亚阿德莱德的菲尔兹奖获得者，英国皇家学会院士，美国国家科学院外籍院士，美国艺术与科学学院院士，美国加州大学洛杉矶分校（James and Carol Collins）讲席教授，博士生导师，华裔数学家陶哲轩（Terence Chi-Shen Tao），在他的数学大师课的第一课，讲了这样一个小故事：

There was this airport that had received a lot of complaints about people having to wait for their luggage to arrive. So they tried to solve the question of shortening the time between the landing of the plane and the deployment of the baggage. But they found that the solutions they implemented didn't decrease customer complaints that much.

And it turned out what they really didn't like was waiting at the carousel for the luggage to arrive. And actually, the solution was to take longer to walk from the airplane to the luggage carousel. So they put some partitions, so that they would feel like they are making more progress. And by the time they arrived at the carousel, the luggage would arrive shortly afterwards. And this reduced the complaints by quite a lot.

大意是说：曾经，机场收到大量的客户投诉，乘客对于下机后要等待很久才能拿到行李非常不满。于是，机场方面尝试想办法解决这个问题。首先想到的办法，是在飞机降落以后，尽快让行李到达行李提取处。但这个办法实施之后，机场方面发现客户投诉一点儿都没有减少。

其实，乘客最为不满的地方，是他们根本就不愿意在机场的行李传送带旁边，等待哪怕一小会儿。这样分析下来，能立竿见影解决问题的方案马上就出来了。就是在从下机口到行李提取处之间，设置一些隔板墙，构建出弯曲漫长的走道，让乘客从下机口走到行李提取处，要花费更多的时间。当乘客终于走到他们最不喜欢在其旁等待的那个行李传送带的时候，行李可能已经等在那里了。

这就是数学，是数学家要解决的问题。

什么是数学？

将一个立方数分成两个立方数之和，或一个四次幂分成两个四次幂之和，或者一般地将一个高于二次的幂分成两个同次幂之和，这是不可能的。（拉丁文原文：　"Cuius rei demonstrationem mirabilem sane detexi.Hanc marginis exiguitas non caperet."）

这句话就是法国学者费马，大约在 1637 年左右，在阅读古希腊数学家丢番图（Diophatus）所著的《算术》拉丁文译本时，在第 11 卷第 8 命题旁写下的文字，他还幽默地补充说：　"关于此，我确信已发现了一种美妙的证法，可惜这里空白的地方太小，写不下。"由于费马没有写下证明，而他的其他猜想对数学贡献良多，由此激发了无数数学家，几代人对费马的这一猜想进行持之以恒的研究，历时近 360 年，方才得解。这就是数学。

我相信很多父母都希望自己的孩子在一件宏大的事件里有所建树。

数学，就是这样一件宏大的事件。

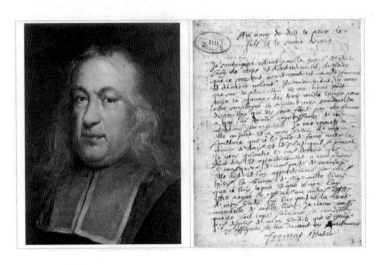

费马和他在《算术》第 11 卷第 8 命题旁写下的命题

如果孩子能够走上学习数学的路子，那么首先，从小学到高中，甚至到大学的数学学习，对于孩子将是极大的乐趣和所长，进而，其他诸学科都不在话下，孩子都将擅长。

清末著名学者俞樾坚定地认为中国人一定要把数学学好。他为《算学报》所写的序文中说："自泰西之学行于中原而言，算学者有中法又有西法，易曰殊途而同归……黄君愚初，研精算学，于中西之法皆能贯而通之。"《算学报》是中国第一份数学期刊，创办于 1897 年 7 月。[①]

在本章开篇，我提到了一个结构，五个要件。本书中，我将按照天时、地利、人和、妙法的顺序对这五个要件逐一进行讲述。

何谓天时？主要讲的就是类似孩子什么时候启蒙数学为好这样的问题。5～6 岁？3～4 岁？还是 3 岁之前，或者刚刚出生就开始？孩子什么时候、何种与数学相关的能力开始发展了？父母是否要及时把握，才不会错过良机？如果错过了，是否就无法补救？

---

① 胡毓达：《数学家之乡》，上海科学技术出版社 2011 年版，第 16-19 页。

在天时部分，孩子在不同的月龄年龄，与数学启蒙、数学学习相关联的诸多内容，书中都会进行详细说明。

何谓地利？就是想阐明地域对孩子的数学学习是否有影响。

是不是温州的孩子就比天津的孩子具有数学学习的优势？中国的孩子数学学习比不过美国的孩子吗？

2000 年，以数学家谷超豪教授为顾问的"温籍数学家群体及其成因分析"研究课题组成立。当时全国数学教育研究会理事、全国教育数学理事代表方均斌教授也参与其中。经过 11 年的整理研究，终于汇编成了一本叫《数学家之乡》的书。2011 年，该书由上海科学技术出版社出版。书中收录了出生于 20 世纪上半叶的 52 位数学家的资料，编撰了有代表性的 24 位数学家的小传，他们都是"温州人"。

《数学家之乡》封面

温州在中国现代数学史上被誉为"数学之乡"，为什么那里的孩子数学就厉害？其他地域的孩子是否可以借温州孩子的"优势"，提高自己的数学智力？

中国到目前为止，还没有得到过菲尔兹奖，原因为何？

菲尔兹奖奖牌

　　以上问题，我们可以在地利篇中一探究竟。

　　何谓人和？很多人粗浅地认为，老师是孩子学习数学的唯一重要一环，于是只顾看体制内学校老师的水平，甚而遍寻课外名师。人和篇中，我们就来看看，取得很大成就、有很好的学问的数学家，是依靠怎样的老师、怎样的朋友、怎样的社会关系人脉终成大器的。在数学家的成才史中，反而是个人的力量远不及集体的帮衬。一人成事很难。韦大神，是很了不得的数学学子。但普通人家，可万万学不得他。

　　何谓妙法？我很笃定，我的孩子就是数学方面的"别人家的孩子"。他虽还未达到"热爱"数学的地步，但不厌、不怵、敢挑战，有耐心毅力，未来，一定可以搞很艰深的数学。我一直认为，教育者最应该拿得出手的，是自己孩子的教育成果。

　　当然，我也会拿出过往大家耳熟能详的学者、科学家们的生平事迹，通过对他们的成长历程进行心理学角度的客观而具体的分析，最终给出一个普通家庭都可以用得起来的易学易用的技巧、妙招。方法简单，易懂易用，帮助孩子启蒙数学、爱上数学、精通数学，进而成为一名了不得的数学家。于妙法处，诸皆可得。

天 时

学而不思则罔，思而不学则殆。

Learning without thinking leads to confusion,thinking without
learning ends in danger.

——孔子《论语》

数学启蒙的浪漫开始

我听过一种很浪漫的说法，孩子出生后，等护士、医生，亲朋好友，甚至丈夫离开房间，妈妈终于可以和刚刚降生的孩子单独待在一起了，他们静静地依偎在病床上。这时，妈妈便开始轻轻地、偷偷地细致数孩子的脚趾、手指，并轻声数出一、二、三、四、五……彼时，内心涌起莫名其妙的复杂情感，生怕孩子少生一个指头，又暗笑自己傻气，数着数着，孩子最初的数学启蒙，似乎就这样开始了。

放在孩子的数学启蒙全程来看，这当然无足轻重，但实在是浪漫而美好。如果是孩子还未降生，妈妈读到这段，大可以记在心间，如法炮制。

我手头掌握的资料，应该说足够支撑起孩子从数学启蒙到走上数学这条路。本书中，我会尽己所能把事情交代清楚，只要满足父母可上手，能达到效果，就尽量不再多说一分。书作文献也尽量不过度引用，以实用易用为宜。

数学启蒙越早越好，这种说法特别不好，且不切实际。如果是 5～6 岁孩子的父母，如果还没有给孩子开启任何数学启蒙，听到这样的说法，能不焦虑吗？如果是小龄宝宝的父母听到这样的话，也不好，他们会想，是不是马上就要做点什么？至于做什么，也都不清楚，自然也会心生焦虑。

我的建议是这样说或许更理想：当父母心理上准备好的时候，就是孩子数学启蒙开启的最佳时机。这就是天时。

下文中，就是重点论述"何谓父母心理准备好了"，以及该如何准备。相信读完这部分内容，父母应该不会再焦虑了，并且还会对数学启蒙思路清晰，激昂澎湃，自信有加。

接下来，先讲两位数学家陶哲轩和许埈珥的成长经历。他们同是数学领域国际最高奖项菲尔兹奖的获得者，但人生经历、成长方式却截然不同。

"鸡娃"陶哲轩的故事

先来看看"鸡娃"陶哲轩的故事。

陶哲轩，1975 年 7 月 17 日出生于澳大利亚阿德莱德，华裔数学家，菲尔兹奖获得者，英国皇家学会院士，美国国家科学院外籍院士，美国艺术与科学学院院士，美国加州大学洛杉矶分校（James and Carol Collins）讲席教授、博士生导师。

13 岁获得国际数学奥林匹克竞赛数学金牌；16 岁获得弗林德斯大

学学士学位；17 岁获得弗林德斯大学硕士学位；21 岁获得普林斯顿大学博士学位；24 岁起在加利福尼亚大学洛杉矶分校担任教授；2006 年31 岁时获得菲尔兹奖、拉马努金奖和麦克阿瑟天才奖；2008 年获得艾伦·沃特曼奖；2009 年 12 月作为第二届"丘成桐中学数学奖"评审总决赛面试主考官来到中国；2015 年获得科学突破奖——数学突破奖。

数学家陶哲轩，菲尔兹奖得主

陶哲轩不同于一般意义上的"鸡娃"，了解他的成长经历你会发现，他与鸡娃界名人蔡美儿 (Amy Chua) 的两个女儿索菲娅（Sophia）和路易莎（Louisa）的成长经历完全不同。[①] 后者是在以个人意愿安排下的强制管教约束和超前培养之下的成长经历。而陶哲轩，则是一路享受着对数学的热爱，快乐往前。

2 岁时，父母发现了陶哲轩在数学方面的极大兴趣。在他 3 岁半时，

---

① Amy Chua：*Battle Hymn of the Tiger Mother*，Bloomsbury Publishing Plc，2011.

父母将他送进一所私立小学。然而，尽管智力明显"超常"，但他却不懂得如何跟比自己大两岁的孩子相处。尝试了几个星期后，父母明智地把他送回了幼儿园。在幼儿园的一年半时间里，经由母亲指导，陶哲轩自主学习了几乎全部的小学数学课程。

1980 年，陶哲轩 5 岁时，父母将他送到离家 3 千米外的一所公立学校。一入学，陶哲轩就直接升入二年级，同时可以跟着五年级上数学课。

1982 年，陶哲轩 7 岁时，开始自主学习微积分，小学校长在他父母的同意下，主动说服了附近一所中学的校长，让陶哲轩每天去该校听中学数学课。

1984 年，8 岁半时升入中学，经过一年的适应后，他用三分之一时间在离家不远的弗林德斯大学（Flinders University）学习数学和物理。在此期间，10 岁、11 岁、12 岁时的陶哲轩参加国际数学奥林匹克竞赛（简称 IMO），分别获得了铜牌、银牌和金牌。

1989 年，14 岁，正式进入他中学时去听课的弗林德斯大学。

1991 年，16 岁，获得弗林德斯大学荣誉理科学位。

1992 年，17 岁，获得弗林德斯大学硕士学位。同年到美国普林斯顿大学，师从沃尔夫奖获得者埃利亚斯·施泰因（Elias Stein）。

1996 年，21 岁，获得普林斯顿大学博士学位。

1999 年，24 岁，被加利福尼亚大学洛杉矶分校聘为正教授。

2006 年，31 岁，获得菲尔兹奖，在 5 月 22 日至 30 日的第 25 届国际数学家大会上，接受了西班牙国王卡洛斯一世的颁奖。同年获得麦克阿瑟天才奖。

2007 年，担任加州大学洛杉矶分校（James and Carol Collins）讲席教授。

2008 年，获得美国国家科学基金会授予的艾伦·沃特曼奖。

2009 年 12 月，陶哲轩第一次来到中国，作为总决赛的面试主考官，参与第二届"丘成桐中学数学奖"的评审工作；12 月 21 日，在清华大学主楼报告厅做演讲；下午在人民大会堂，接受全国人大常委会副委员长陈至立的会见。

《伤仲永》告诉父母应该好好地培养"方仲永"

这里为什么要讲陶哲轩这样一个"天才"的故事？因为很多天才的故事只能看看，与普通家庭无关，但陶哲轩这个"天才"的故事却是很特别的，可以说与所有孩子家庭都息息相关，不讲不行。

陶哲轩的父母做了几件常人父母都做得到，但没有做，或者来不及做的事情：陪伴和发现，敢想敢干的勇气，理智冷静的心态，勇往直前的魄力，专注一处的智慧，等等。

首先来看，陶哲轩的"天赋"是怎么来的？是被父母发现的。试想与蔡美儿耶鲁大学法学院终身教授，以及其显赫富有的家庭背景相比，陶哲轩来自普通家庭，父母也很普通。如果不是母亲常陪伴左右，又如何能发现他在数学上的兴趣及天赋？这就是"陪伴和发现"。

再者，发现之后，父母花了很多心思随陶哲轩的心意。这是与蔡美儿逼孩子学音乐完全不同的。而且父母敢构想，居然想到让孩子"跳级"。这样的敢想敢干其实很不可思议，即为"敢想敢干的勇气"。

陶哲轩父母发现孩子超前进入小学并不能很好地适应同学及环境后，就及时把孩子带回幼儿园。同时，还不忘在接下来继续尝试跳级，可见其父母很有决心和韧劲儿。很多父母在看到孩子的一些早慧特质后，就忘乎所以，一味地选择冲、冲、冲！最终，撞得头破血流。在气盛的时候，能及时停下来调整，即是陶哲轩的父母不可多得的"理智冷静的心态"。

与很多"鸡妈"相比，陶哲轩的父母选择聚焦一处，没有给孩子报各种像游泳班、网球课、象棋课、乐高课、编程课等，聚焦于孩子对数学的兴趣，把时间充分利用在数学上，即为了不起的"专注一处的智慧"。

故事中，我们可以一再看到"自主学习"这个关键词。陶哲轩的成长，以自主学习为主，他自己把握节奏，成长得很是得意舒服。这和那些过早给孩子报奥数课外班，不管孩子是否有兴趣，不管课程进度是否适时、适度相比，实在是天差地别。

生活中，其实少有像陶哲轩这样才华出众的早慧学子，倒是"少时了了，大未必佳"更为大众熟悉一些。

中国历史上，真正对"天才"（超常儿童是更为科学的称谓）的关注和研究应该从王安石的《伤仲永》算起。[1]

伤仲永

金溪民方仲永，世隶耕。仲永生五年，未尝识书具，忽啼求之。父异焉，借旁近与之，即书诗四句，并自为其名。其诗以养父母、收族为意，传一乡秀才观之。自是指物作诗立就，其文理皆有可观者。邑人奇之，稍稍宾客其父，或以钱币乞之。父利其然也，日扳仲永环谒于邑人，不使学。

余闻之也久。明道中，从先人还家，于舅家见之，十二三矣。令作诗，不能称前时之闻。又七年，还自扬州，复到舅家问焉，曰："泯然众人矣。"

王子曰：仲永之通悟，受之天也。其受之天也，贤于材人远矣。卒之为众人，则其受于人者不至也。彼其受之天也，如此其贤也，不受之人，且为众人；今夫不受之天，固众人，又不受之人，得为众人而已耶？

―――――――――
[1]施建农、徐凡：《超常儿童发展心理学》，安徽教育出版社2004年版。

译文

金溪有个叫方仲永的人，家中世代以耕田为业。仲永长到5岁时，不曾认识书写工具。忽然有一天仲永哭着索要这些东西。他的父亲对此感到诧异，就向邻居借来那些东西，仲永立刻写下了四句，并题上自己的名字。这首诗以赡养父母、团结宗族为主旨，给乡里的秀才观赏。从此，指定事物让他作诗，方仲永立刻就能完成，并且诗的文采和道理都有值得欣赏的地方。同县的人们对此都感到非常惊奇，渐渐地都以宾客之礼对待他的父亲，有的人还花钱求取仲永的诗。方仲永的父亲认为这样有利可图，就每天带着仲永四处拜访同县的人，不让他学习。

我听到仲永的事迹很久了。明道年间，我跟随先父回到家乡，在舅舅家见到了方仲永，他那时已经十二三岁了。我叫他作诗，写出来的诗已经不能与从前的名声相称。又过了7年，我从扬州回来，再次到舅舅家去，问起方仲永的情况，回答说："和普通人没有什么区别了。"

王安石说：方仲永的通达聪慧是天生的。他的天赋，远胜过那些有才能的人，但他最终沦为一个普通人，是因为他后天所接受的教育并没有达到要求。他的天资是那样好，没有受到正常的后天教育，尚且成为平凡的人；现在那些天生就不聪明，又不接受后天教育的人，就能成为普通人了吗？

大器晚成的韩国数学家许埈珥的故事

我们来看看韩国数学家许埈珥大器晚成的故事。

许埈珥少年时期数学成绩不理想，自认为没有数学天赋。他最爱的是文学，曾写过诗歌、小说，梦想将来成为一名诗人。但他在首尔大学读书时，发现诗人身份难以谋生，转而打算做一名科学记者，于是主修了天文学和物理学。

　　因为小时候数学成绩不好，这让许埈珥对数学学习毫无兴趣。那时他认为，数学不过是"逻辑上的无趣花样"。许埈珥的父亲曾发现儿子在做题的时候翻到后面去抄答案，就把答案部分撕毁了。结果儿子去当地的一家书店，又把答案抄了回来。许埈珥与思维敏捷的"标准"数学家不同，他说话很慢，经常停顿。在 16 岁时，他还曾经决定辍学回家专心创作诗歌，他认为，诗歌是真正富有创造性的表达方式。

　　与他共事的威斯康星大学麦迪逊分校数学家王博潼（Botong Wang）形容许埈珥："他给人的感觉是很慢的，真的太慢了。"如果你和许埈珥谈几分钟微积分的问题，你甚至会认为面前这个人，根本不会通过任何相关的资格考试。

韩国数学家许埈珥，菲尔兹奖得主

在许埈珥 24 岁大四那一年，人生发生了转折。当时，菲尔兹奖得主广中平佑到首尔大学访学，并开设了一年的代数几何课。许埈珥认为，这位"名人"可以作为科学记者的第一个选题。随着课程深入，100 多名学生因为课程难度大而逐渐退课，许埈珥却一直留了下来。后来，许埈珥索性直接跟随广中平佑读了研究生。

　　2009 年，许埈珥研究生毕业，广中平佑劝他去美国的大学再修一个研究生。然而，由于许埈珥非数学本科出身，尽管有广中平佑的推荐，美国十几所研究生院都拒绝了他的申请，最终只有名不见经传的伊利诺伊大学香槟分校愿意接受许埈珥的研究生申请，从此他走上了数学研究之路。此后，许埈珥用了 6 年时间，完成了对数学界非常重要的一个难题 Rota 猜想的证明。

2014 年，许埈珥在密歇根大学获得博士学位。

许埈珥将 Hodge 理论引入组合学，成功证明了几何格的 Dowling-Wilson 猜想、拟阵的 Heron-Rota-Welsh 猜想、强梅森猜想，以及发展了洛伦兹多项式理论（组合代数几何）。2022 年 7 月 5 日，许埈珥获得 2022 年菲尔兹奖，获奖方向是组合几何。

这个故事里，同样有很多精彩之处特别值得借鉴。我拿许埈珥的案例对比陶哲轩，首先想要说明，孩子早成和晚成，都是可以的，都各有各的好处，人尽其才，不拘一格。另外，在许埈珥的故事里，他有着非常好的属于他了解世界的节奏。他热爱诗歌，从而很容易猜测，许埈珥对数学的研究来自诗歌的力量和良好的节奏。

这样说，并不玄乎。以爱因斯坦为例，音乐一直令爱因斯坦心醉。对他而言，音乐是一种关联：音乐反映了宇宙背后的和谐，体现着大作曲家的创造天才。和谐之美使他对音乐和物理学满怀敬畏。[1]

爱因斯坦拉小提琴

1897 年的一个晚上，爱因斯坦在屋中忽听有人在附近弹奏莫扎特的一首钢琴奏鸣曲。他问女房东这是谁在弹奏，当知道那是一位住在本屋阁楼的老太太所弹时，爱因斯坦衣冠不整、手抓小提琴径直冲进了老太太的屋内。那位老人惊讶地望向他。爱因斯坦恳求道："请继续演奏吧。"不久，屋里就传出小提琴为莫扎特奏鸣曲

[1] Walter Isaacson：*Einstein：His Life and Universe*，Simon 2007.

伴奏的乐声。

爱因斯坦欣赏莫扎特和巴赫，认为他们的音乐结构清晰，似乎是"决定论"，就像他热爱的科学理论，都是直接来自宇宙的。但他不喜欢贝多芬，他说："我听贝多芬时感到不舒服。我认为他过于个人化了，几乎是赤裸裸的。"

早一点晚一点学习数学都可以，父母要注重孩子的兴趣，他们的自然自由成长尤为关键。也一定不要误以为数学就是简单的几何图形或者算式算术。急于逼孩子死记硬背，会把孩子拉扯出本来应该很容易走上的数学之路。

数学，有美好的节奏，数学之美源于内心，也发育于孩子的大脑。

我们从"一个结构，五个要件"来看，孩子要想从事数学方面的研究，首先要具备的就是智力能力。

父母不能惧怕谈孩子智商

孩子的智力能力是高还是低，可以通过一个参数说明，就是大众皆知的"智商"。但是，很多父母是害怕谈及智商情商的，甚至，很多父母耻于谈论智商情商。为什么呢？智商和情商都是抽象词语，但坊间总想将其玄化，导致大众误解误读：智商必然是天生的；天才，是生出来的，而不是"长起来"的；孩子生得厉害，就一生厉害。不然就是命。例如，"这孩子天生就不是这块料""这孩子天生就是这块料"，类似这样荒谬粗鲁的盲目论断毁人无数。

实则，孩子的智力能力是可发展、可塑造的。相应地，智商作为衡量一个人智力水平高低的参考指标，可以提升，而且提升的范围还不小。通过举例，可能更容易表达得通透。比如说，有一个人今天的智商低，经过几年以后，如果这个人的发展培养得当且优秀，那时，这个人的智商可能已经变得很高。

可惜的是，智力能力，作为培养孩子成为数学家五大要件的首要条件，是最容易被家庭忽视的一条。更可惜的是，甚至被误解误读。如情感智力，也是智力能力所包含的内容，却被误读误传为"情商"。"情商"一词不是科学用词，科学上称为情感智力，英文为 Emotional Intelligence, 简称 EI。而"情商"的误用，使得人们不但没有重视情感智力 EI 与智商（英文为 Intelligence Quotient, 简称 IQ）对于孩子发展的极其重要的综合协同作用，反而滥用其意。比如，盲目定义某人情商低，荒谬地曲解某些科学家，称其智商高、情商低，等等。

由情商进而构思出"早熟"，使得有些父母因害怕孩子"早熟"而限制孩子这也不能看那也不能读。类似这样的现象，是过去几年我在进行调研时，所见的真实家庭的案例。家庭育儿启蒙，其实可以不必惧怕这些，但父母却被误导，所以急需止损。

智商并不等于智力

什么是智商？智商是怎么来的？智商是衡量一个人智力水平高低的参考指标，是通过实验检测得来的，是评判一个人智力水平的参考数据。

1905 年，法国心理学家阿尔弗雷德·比奈（Alfred Binet，1857—1911）在法国教育部要求下，编制了一种能够将学校里跟不上正常教学课进度的儿童筛选出来的工具，这就是最初的智力测验。之后，在此基础上，有研究者提出了心理年龄／智力年龄（英文名 Mental Age，简称 MA）和生理年龄（英文名 Chronological Age，简称 CA）的概念。生理年龄 CA 代表了每个人的生理成熟度，每个人的生理年龄增长速度都是一样的（每年长 1 岁），但心理年龄／智力年龄的成熟速度就存在差异了。比如，两个 5 岁男孩，他们的心理年龄／智力年龄 MA，可能差异明显：一个可能只有 4 岁的水平，而另一个可能已经达到 7 岁的水平了。

1916 年，美国斯坦福大学教授特曼 (L.M.Terman) 修订而成的斯坦福 - 比奈量表 (Stanford-BinetScale) 中，首次提出了一种评价智力高低的标准，即 IQ-Intelligence Quotient 值越高，智力状况就越好。

这种智商表示法就是传统的"比率智商 (Ratio IQ)"：

IQ= 心理年龄 MA/ 生理年龄 CA×100%

但比率智商有明显的局限性。特别是成人，到了一定年龄，生理成熟度基本维持不变。成年人到 26 岁左右智商就停止增长进入高原期，比率智商相应地不再适用。[①]

1949 年，美国医学心理学家、韦氏智力测验的编制者韦克斯勒 (David Wechsler，1896—1981) 在其编制的儿童智力量表中，首次采用"离差智商"取代比率智商。离差智商采用了一种新的方法，放弃了心理年龄 / 智力年龄 MA，运用了离差。

其基本原理是：把每个年龄段的儿童的智力分布看成常态分布，被试的智力高低由其与同龄人的智力分布的离差的大小来决定。

智商作为经检测得到的衡量一个人智力水平高低的参考数据，和智力是和而不同的两个概念。父母有必要区分清楚。

智商相同，智力水平不一定相同。

例如，一个智商 110 的 10 岁孩子和一个智商同为 110 的 6 岁孩子比，前者的智力水平一定高出许多。

智力水平相当，智商有可能不同，例如，智商只有 60 的 14 岁儿童，和一个智商 110 的 8 岁儿童比，他们的智力水平可能是相当的。

---

①查子秀主编：《成长的摇篮》，重庆出版社 2002 年版。

情商和早熟都不是科学说法，都需要摒弃

我们说智商也好，智力水平也好，都应该与实际年龄相伴，从而进行判定。这也就引出了另一个话题：早熟。

很多坊间说法认为，孩子太早启蒙容易早熟，早熟因而含有了负面的意味。实际上，这是非常不科学、不严谨的说法。其实，从心理学的角度看孩子的脑发展，看孩子的智力能力发展，是没有"早熟"这种说法的，应该说是"成熟"。

有一位我很喜欢的兄长曾经和我说："我就认为孩子在什么年龄就该做什么年龄的事情。"我当时未来得及与他深谈。从父母培养孩子的角度而言，这位兄长的说法是有些武断的。孩子什么年龄该做什么，至今都没有特别明确的标准。

谁说孩子 7 岁就不能学习微积分、不能学会微积分？（见著名数学家陶哲轩的案例）谁说孩子 6 岁就不能阅读哲学、读不懂哲学？（见我的孩子昀昀的案例）谁说孩子少小就不能阅读乔叟？（见爱因斯坦的案例）人类在不断发展进步，对于发展速度的见识和武断，限制了父母对孩子早期培养的发力。

"发展"是孩子成长以及人类生命的关键词。人类的意义，可以说就是为了不断"发展"。

我人生中遇到过的一个最好的问题是有一位老者曾经问我：你是希望把昀昀培养成你吗？我果断地回复：不是。我是要让孩子远超过我，即为人类的发展，做出一点点贡献。下一代不断超越上一代，稳步持续地发展。

即便是像下文中将详细论述的丹佛发展筛选测验和韦氏智力测验，也都可以看到对于发展的描写，对于发展的期待。丹佛发展筛选测验和韦氏智力测验都可归类为坊间俗称的"智商测试"。

Denver Developmental Screening Tests, DDST——2019 年全国科学技术名词审定委员会公布的精神医学名词，由美国丹佛心理学家弗兰肯堡 (W.K.Frankenburg) 等 1967 年编制的用于评定 0 ～ 6 岁儿童的发育状况的测评量表。评估个人—社交、精细动作—适应性、语言和大运动 4 个方面。后文会详细介绍。韦氏智力测验 (Wechsler Intelligence Scale) ——由美国医学心理学家大卫·韦克斯勒 (David Wechsler) 于 1949 年开始主持编制的系列智力测验量表，是世界上应用最广泛的智力测验量表。该量表于 1981 年由湖南医科大学龚耀先教授等主持修订。

世界上至今并没有"孩子到什么年龄就该做什么事"的科学系统的描写或者限制。让孩子自然地自由地发展，才符合科学，顺应自然发展规律。

我的孩子昫昫在学校里，被班主任（同是年级组长）大为表扬。最初，就是因为老师发现昫昫很成熟，刚上一年级的第一周，老师在给我妻子的电话中回忆说，昫昫是课间在楼道里唯一一个主动微笑着与老师打招呼的孩子。

丹尼尔·戈尔曼 EQ
中文版封面

本书中反对"早熟"这种说法，也同样反对"情商"这一提法。

"情商"最初的出现，是带有时代背景的积极意义的。哈佛大学心理学博士、美国科学促进协会 (AAAS) 研究员丹尼尔·戈尔曼在 1995 年发表的 EQ (*Emotional Intelligence*) 一书，在全球引发轰动，使得情感智商 (EQ) 很快得以流行。虽然，EQ 全书论述的都是 Emotional

Intelligence，即 EI（情绪智力），但书名是两个特大号的字母 EQ，用于市场推广，想把大众的注意力从 IQ 直接转移到 EQ 上来。在 *Emotional Intelligence：Why It Can Matter More Than IQ* 一书中，戈尔曼使用浅显易懂的论述方式，扫除了当时学究们制造的焦虑，让大众不再惧怕"情商"这个抽象概念；同时，颠覆了主流观点认为成功"唯智商论"的说法。

丹尼尔·戈尔曼博士提出的 EI 情绪智力（Emotional Intelligence），包括自我意识能力、自我控制能力、社会适应能力、判定和理解他人的情绪反应的能力、意志力等等。

在过去几年的研究中，我除了在育儿实践中验证了丹尼尔·戈尔曼博士提出的 EI 情绪智力对孩子的发展极为重要以外，更为深刻的体会就是，可以将 EI 情绪智力的诸多描述提炼为：孩子的心理稳定性。

当人们大谈"情商"时，有一个潜在的危害悄然生发，那就是对于情商的误解误读和滥用。

如果沿袭"情商"这种坊间说法，父母要不要培养"情商高"的孩子？一定会有大量父母说：要培养情商高的孩子！那就会走上培养路途上的歧途。

我们身边不乏所谓情商高的人，他们都很善良，待人谦逊随和，彬彬有礼，说话让人感觉舒服。如果父母心里对孩子的培养方向是如此，也无大碍。但同时也要明白，这和情绪智力的相关度很小。有些所谓"情商高"的人，其实内心的压力是很大的，且无处宣泄。很多"情商高"、被周围人夸赞的孩子，终其一生并无建树。甚至，有的极端情况是后半生走上歪路，或者夭折的案例也是有的。

如是分析下去，就变得很复杂了，这不是我的擅长。我之所以反对"情商"这样的非科学的坊间说法，也是为了拨云见日，把复杂的问题简化。我和孩子有这样的要求，希望他被人喜欢，这就好。而被什么人喜欢，被怎样喜欢，才是重要的值得探讨的话题。

培养"情商不高"的孩子很重要

一位教授心直口快，不谙世俗常理，"得罪"了不少同行及相关人等。于是，人们就会评判他"情商低"吗？或者，一位教授年轻时和导师沟通不畅，使得自己的后续发展受到了严重阻碍。人们也会照例评判他"情商低"吗？父母会不会说，一定不要把孩子培养成这样的教授呢？上述两位教授，一位是丘成桐，一位是张益唐，都是当今世上顶级的数学家。

心直口快

丘成桐先生的自传《我的几何人生》很有意思，大概用三条线索组成了一条稳固粗壮的绳索，可以由此通达其人生。第一条线索是人生成长。这条线索记录的是丘先生从少年到求学、到高校的学习，以及之后在各大高校的工作、处事和交往。通过这条线索，你会深刻感受到"交朋友"对于一位数学家是何等重要。第二条线索是他的学术研究，比较艰深，可以略看。第三条线索就是他对中国古文的赏析，也是他智慧的根本源泉。中间穿插了一些零星片段，便是他和中国数学界的一些纠葛。丘成桐处事，确实"直白"。但无数风雨之后，老先生依然挺立于数学界，继续着他的研究，不惧挫折，继续向前。从心理学的角度看，其中情绪智力（Emotional Intelligence，EI）发挥了举足轻重的心理稳定性的作用。

更重要的是丘成桐的"直白"，让他结交到了良师益友，同时，避开了歧途。比如，陈省身先生曾给丘成桐一个题目，但他感觉和自己不对路子，就婉拒了，然后选择了自己选定的。"直白"如果被定义为情商低，那情商低似乎并非一无是处。

选题之谬

1859 年黎曼提出了他的猜想，用以解释质数不依常规的分布。伟大的黎曼 39 岁英年早逝，没有给出答案。陈省身先生期望丘成桐破解它。那时，丘成桐正急于确定论文的题目，陈先生催促他立即开始工作。毫无疑问，这是个极具挑战性的难题。但当时，丘成桐对几何问题的兴趣远比对解析数论大。研究大问题往往要花上几年时间才能取得进展，最终，丘没有选择这个方向，黎曼猜想至今尚未破解。[1]

在人生的大是大非面前，也许直白地表明心意，找准当时的关键利害点，尽快取得成绩获得认可，才是更加智慧和明智的选择。直白一些懂得婉拒，这是丘成桐一直以来的厉害处。当然，也因此"得罪"了一些人。

而不懂得婉拒，不够直白的张益唐先生，因为这一点，他的人生跌入一段莫名的低谷。

遇人不淑

我们来看看张益唐先生的数学人生。

妹妹张盈唐忆起哥哥，多是悲伤。哥哥失联 8 年，当她与母亲在 2001 年终于与哥哥联系上时，看哥哥寄来的照片，母亲悲伤至极流下眼泪："这照片上的毛背心还是他出国前我亲手给他织的，这手表也是出国的时候戴的。你哥哥这些年过的是什么日子啊！"

张益唐年少天资过人，20 世纪 80 年代初，在北大数学系念书的人，都听说过张益唐的大名，是个高才生，深受时任北大校长、数学家丁石孙的赏识。

世界权威数学家，美国普林斯顿高等研究院、普林斯顿大学教授

---

[1] 丘成桐、史蒂夫·纳迪斯：《我的几何人生》，译林出版社 2021 年版，第 76-77 页。

彼得·萨奈克（Peter Sarnak）曾在北京与张益唐的硕士导师潘承彪教授谈起过张益唐。潘教授说起爱徒极为动情，讲张益唐是北大最优秀的学生之一，有着与之匹配的雄心，看上的都是大问题。至于什么才称得上大问题，这既是一个专业标准的问题，也是人生的指引。

数学家张益唐

但，对于大问题的执着，和不计眼前得失以及不谙世事的个性，给之后张益唐的人生坎坷埋下了伏笔。

执着数学的张益唐迫切想出国看一看世界数学界最新的研究。时任北大校长丁石孙（1927—2019）亲自安排他留学，为他选择了导师——美国普渡大学莫宗坚教授。张益唐更向往的是纯粹的数论领域，而莫宗坚教授是代数几何方面的专家。相比张益唐执着的数论，师长们认为代数几何的实用价值更大，一个数学天才不应只是沉迷于"虚空"，要为时代的进程做出实际的贡献。

年少气盛

就这样，不懂得"直白"、不会婉拒的 20 多岁的张益唐最终服从了安排。几年学成，在他准备博士学位论文时，张益唐选择以"雅可比猜想"为题。这让他的导师莫宗坚教授非常惊讶。对博士生来说，这个题目太艰深，不够实际。就像 1970 年同样准备论文的丘成桐，那时候他的心早已被卡拉比猜想占领了。但他心知那个题目是个长远的计划，不能以之作为博士论文题目，需要另找一个比较能轻松应付的题目。[1]

---

①丘成桐、史蒂夫·纳迪斯：《我的几何人生》，译林出版社 2021 年版，第 76-77 页。

　　而张益唐的身体里，就没有这样灵活，他太执迷于数学了，忘记了人生的一些基本规则。虽然后来，莫宗坚评价张益唐，说从他的眼睛里看见了雄心："透过他的眼睛，我看见了一个躁动的灵魂、一颗燃烧的心。我明白如果他是探险家，他就会去世界的尽头；如果他是登山客，他就要登上珠穆朗玛峰，风雨雷电都无法阻止他。"

　　但实际上，在之后的 7 年里，师徒间见面越来越少。直到论文答辩，答辩委员一致认同张益唐的论文是一篇合格的论文，但审核的结果是张益唐错了，错误在于他用来引证的一项定理（来自莫宗坚教授）被证明是错误的，这就让他的整个证明成为空中楼阁。

坚韧不拔

　　1992 年，张益唐终于拿到了博士学位，但同时也失业了。因为他没有拿到莫宗坚教授的推荐信，莫教授也没有提出要帮助他。他的博士学位论文成了年少气盛时一个不美好的错误，既无从发表，更没有导师的推荐信，这样的数学博士在美国是寸步难行的。

　　1992—1999 年，数学博士张益唐在赛百味快餐店里做会计，忙的时候也帮忙收银。他一直没能找到教职，他住过肯塔基州，住过纽约，有时睡在朋友家的沙发上，有时甚至住在车里。都是借宿，居无定所。有段时间，人们说他消失了，隐居了。

　　其实在最难的日子里，张益唐也没有离开过数学。他打工赚钱谋生，刚刚够用就好。一个人沉浸在数学的世界里，很少与朋友交流，社交在他看来有些浪费时间。后来，有记者问张益唐："数学家需要天赋吗？"他回答说："需要的是专注。而且，你永远不能放弃自己的个性。"

终成正果

　　最终，张益唐的《素数间的有界距离》轰动了数学界，审稿人伊万涅茨评价张益唐的论文："水晶般的透明。"张益唐不再是无人问津的讲师，他受邀成为加利福尼亚大学圣塔芭芭拉分校数学系终身教授。论文发表后的第二年，瑞典公主亲自颁发给张益唐罗夫·肖克奖（罗夫·肖克奖设立于 1993 年，每三年评选和颁发一次。包括逻辑哲学、音乐、视觉艺术、数学奖）中的数学奖项。同时出席颁奖典礼的数学家都留出时间在瑞典旅行，张益唐心不在此，第二天就飞回美国上课。到美国之后，他又被授予麦克阿瑟天才奖。

张益唐说："最终要判断一个人在数学领域能不能做出成就的标准是思想的深度。如果是立志于做数学，那你在学习过程中觉得比别人慢也千万不要自卑，最后能不能成功是有很多原因的。"

张益唐的太太孙雅玲说，老伴在学校研究数学，在家里还是研究数学，有时候自言自语。炒菜的时候，洗澡的时候，下楼梯的时候，老是念叨："零点，零点，零点……"她就知道他又入迷了。

2016 年 10 月，张益唐出席中国科学院大学讲座，他寄语学生"不断进步"。

2018 年 8 月 26 日至 8 月 29 日，张益唐受邀到东南大学开展学术访问，他最后留下对数学学院师生的寄语："持之以恒，必有收获"。

张益唐说：不要束缚自己的想象力，如果自己可以想，要放开去想。对自己要有信心，不要把人生的挫折看得太重，不必患得患失。如果真的热爱就要坚持到底。

孩子的智商在家庭培养中可以稳步提升

从德智体美劳全面发展的角度，回看孩子一路的发展，首先，父母不应该惧怕谈及"智商""智力"。智力能力都是可以发展的，相应的检测得到的智商，也会因发展而提高。孩子的智力能力虽与先天基因有关系，但作为父母，我们应该更加深信后天培养对于孩子智力能力的塑造作用更强。

　　先来看一看不同智商在儿童人群中的分布情况。采用斯坦福 - 比奈智力量表对儿童进行智力测验，智商 90～110 这个范畴的儿童为常态儿童。智商 90～100 属于中等智力，智商 110 属于中上智力；智商 120～130 属于优秀智力。许多国家把智商 130 作为天才（超常）儿童的最低临界线。智商达到或超过 130 就被称为天才（超常）儿童。智商在 130 及以上的儿童在儿童中占 1%～3%，这也就是许多国家的研究者认为天才（超常）儿童占儿童总人数的 1%～3% 的依据。

　　智力能力当然不是不变的，而是发展的、可变化的。根据研究，在良好的教育条件下，智商可以提高 15～30。因此，一个智力中等或中上的儿童，如果在智力发展的关键年龄，受到良好的教育，智力潜力得到了充分发展，就有可能提高一步进入中上或超常智力水平。[1]

杰出人才不应冠以"天才"，而应称为"超常"

　　这个标题中，我们看到了两个关键词"超常"和"天才"。在前文论述中，提及反对"早熟"，反对"情商"，此处再增加一个反对的词语："天才"。

　　"天才"这个词，对于我们的父母是没有意义的。而且，很容易制造一种破罐子破摔的灰心。如果说孩子的发展是基于天赋天资，那么很多人就有借口抱怨说："这孩子天生就不是这块料，算了吧！"进而，很容易荒废本应优秀发展的孩子的人生。

　　从艾伦·图灵、阿尔伯特·爱因斯坦身上，确实可以看到一些天资，即遗传基因带给他们的发展优势，但他们的成才，更多的是源于后天的培养和后天的发展塑造。基于他们的传记，以及相关资料记载，如果他

---

[1]查子秀主编：《成长的摇篮》，重庆出版社 2002 年版，第 15-20 页。

们的家庭在他们年少时，给予他们更多更好地培养和爱护，他们的发展或许将更加绚烂辉煌，爱因斯坦不会早早离异，艾伦·图灵不会在 42 岁时选择自杀。

"天才"一词，最初提出时含义并不是很明确。在 16 世纪中叶，首先使用的是"genio"这个词，原指伟大的艺术家，尤其是指艺术家这个"人"的伟大，而不是指他的杰出能力。

到了中世纪的欧洲，流行的观念居然认为非凡智力、奇才是天赐的赠品。19 世纪中叶，英国心理学家弗朗西斯·高尔顿（Francis Galton，1822—1911）更是荒唐地在对 900 多位天才人物的家谱进行研究之后，于 1869 年发表了《遗传天才》一书，以论证天才是由遗传决定的观点。[①]

20 世纪初，美国心理学家刘易斯·麦迪逊·推孟（Lewis Madison Terman，1877—1956）使用智力测验来鉴定天才儿童，把智商达到或超过 140 定为天才儿童的临界线。高智商（一些国家定为 130 及以上）成为天才儿童的主要标志。[②]

身为父母，无论面对 genius，talented，还是 gifted（均有"天才"之意），都会心有不甘。"为什么他的孩子是天才，我的孩子就不能是天才？"或者"为什么所有的孩子不能都是天才？"即便对于"天才"孩子的父母，这个词也非常令人生厌。因为，把自己孩子的能力、成绩、成就，用这样一个词语荒唐粗暴地描述，无异于将自己的孩子和普通人甚至是人类划清了界限，这其实是很危险的。

从这样的角度看，我国的学者在这方面更为出色。

---

①查子秀：《超常儿童心理学》第二版，人民教育出版社 2005 年版。
②J.R. Whitmore：*Giftedness，Conflict，and Underachievement*. Boston：Pearson Allyn and Bacon, 11-14, Inc.,pp. 1980.

　　20 世纪 70 年代，任朱利（J.S.Renzulli）沿着"反对唯智商论"提出：定义"天才"儿童时，不应忽视儿童的非智力因素。他认为"天才"儿童就是那些具有中等以上的智力、对任务的承诺和较高的创造性三方面兼备的儿童。三方面中，所谓"任务的承诺"指动机、兴趣、热情、自信心、坚毅性和能吃苦耐劳地完成任务等非智力因素。任朱利认为，"天才"应涵盖更广泛的内容。

　　我国的心理学家刘范、查子秀等于 1978 年提出了"超常"（Supernormal）或"超常儿童"（Supernormal Children）的术语。这就使得孩子的发展，有了非常有意义且更为实际的落点。在科学研究方面，"超常"具有明显的统计学意义。同时，也有了可发展的持续价值。也就是说，通过科学检测手段，孩子被发现是超常儿童，或者不是，那只是当时的检测结果。如果孩子在优秀的家庭环境培养之下，得到了发展，很可能从不是超常儿童发展成为超常儿童。用本书中我一再反对的"天才"这个词语来描述一下，就是说，天才是完全可以通过父母的努力培养出来的。

　　任朱利进一步认为，中等以上的智力在儿童中占比可达到 15% ～ 20% 这个量级。只要教育得当，从小激发儿童的学习积极动机，培养他们的高度责任心以及自信、坚毅、顽强等品质，并发展他们较高的创造力，就有望有 15% ～ 20% 的孩子成为超常儿童。天才，将在我们身边涌现。父母对孩子家庭培养的努力，也间接地为中国宝贵人才的培养，做出了有意义的贡献。

　　通过前面论述"智商"的起源，"智商"与"智力"的关系，对"早熟""情商"等坊间误用词语的纠偏，以及家庭中的优秀培养可以提升孩子智商、培养超常儿童等的阐述，可以在此做一个小结：父母应果敢面对孩子的智商（智力能力的检测指标），以在家庭中学习如何基于科学顺应自然、有效地培养德智体美劳全面发展的、人格健全的孩子为目标，致力于早期适度提升孩子的智力能力。而智力能力，简单来说，是孩子的智力和心理稳定性协调发展的结果。

基于智商检测反向推导育儿实践的工作

如何在家庭中通过优势培养来提升孩子的智力能力，我会在妙法篇中细致分享切实可行的实用方法。在本章中，可以先看一个简单思路：根据智力测评的检测项目，来反向推导家庭育儿培养应该做哪些工作。

0～6 岁的丹佛发展筛选测验（DDST）

先来看看丹佛发展筛选测验（英文为 Denver Developmental Screening Tests, 简称 DDST）。这是美国丹佛学者弗兰肯堡 (W.K. Frankenburg) 与多兹 (J.B.Dodds) 编制的，发表于 1967 年，是为在早期能够发现幼儿之间的发展差异而设计的一种简便的智力测量工具。该测试量表是从格塞尔、韦克斯勒、贝利、斯坦福 - 比奈等 12 种智力测试方法中选出 105 个项目组成的。这 105 个项目分别测试从出生至 6 岁的婴幼儿，并按应人能、应物能、言语能和动作能 4 种智能 (见格塞尔婴幼儿发展量表) 分别安排在测试中。根据幼儿达到这些测试项目的水平，可以有效地估计其发展情况。所以，美国的幼托和医疗机构都把它作为常规的应用工具，它也被许多国家采用。中国自 1979 年开始试用丹佛智能测试，经临床实践证明，它确实能快速有效地预估幼儿发展的情况。

为了便于理解，我们可以先跳过测验，直接去看丹佛发展筛选测验参考表的内容（见附录），从中可以看到，比如，孩子 7 个月，精细动作要求可以两只手能同时各握一块积木；8 个月，大动作要求孩子能扶着硬物体站立 5 秒或更多时间；18～21 个月，精细动作要求能叠稳 4 块方木而不倒；2 岁～ 2 岁半，语言能区要求能从图片上识别日常用品或常见动物，精细动作要求能模仿画长于 2.5 厘米、斜度不超过 30 度的直线。结合此量表，我们父母完全可以提前准备，适时尝试，用此参考表在家中自测（粗测）。如果孩子的发展，从精细动作、大动作、个人与社会、语言等 4 个能区，都能一一对应上，父母对孩子的发展情况就能在一定程度上做到心中有数。

韦氏智力测验（Wechsler Intelligence Scale）

接下来，再介绍一下韦氏智力测验（Wechsler Intelligence Scale）。

韦氏智力测验所用量表由美国心理学家韦克斯勒编制，称《韦克斯勒儿童智力量表》（Wechsler Intelligence Scale for Children, 简称 WISC）。这是继比奈 - 西蒙智力量表后，为国际所通用的另一套智力量表。

面对不同人群，韦氏智力测验共有三套：成人（Wechsler Adult Intelligence Scale，WAIS），适用于 16 岁以上的成人；儿童（Wechsler Intelligence Scale for Children, WISC），适用于 6 ～ 16 岁儿童；幼儿（Wechsler Preschool and Primary Scale of Intelligence, WPPSI），适用于 4 ～ 6.5 岁儿童。

《韦克斯勒儿童智力量表》经历了三次修订：1949 年初版，1974 年修订，即 WISC-R；1991 年第二次修订，即 WISC-III；2003 年第三次修订，即第四版 WISC-IV；第四版强调儿童认知功能。

《韦氏儿童智力量表》（第四版）（WISC-IV 中文版）包括言语理解、知觉推理、工作记忆和加工速度四大分量表，可以对 6 ～ 16 岁儿童的言语理解能力、知觉推理能力、工作记忆特点及加工速度进行准确的评估及分析。

在此之前，中国广泛使用的是 20 世纪 80 年代初期修订的韦氏智力量表第二版，1986 年由首都师范大学的林传鼎教授和北京师范大学的张厚粲教授合作修订，曾在教育系统长期使用。

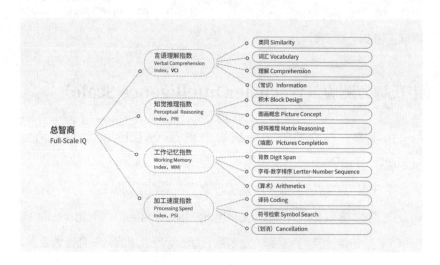

韦克斯勒儿童智力量表 C-WISC

1993 年，龚耀先等人以第二版为基础，修订为用于城市和农村的中文版韦氏儿童智力量表 C-WISC。

《韦氏儿童智力量表》（第四版）中文版的修订由我国著名心理测量家张厚粲教授主持，于 2008 年 3 月 9 日通过了中国心理学会心理测量专业委员会的鉴定，目前已在全国范围正式推广。

同前面所讲的丹佛智能测试的思路一样，通过"测试项目"反向分析，可以了解父母在家庭育儿启蒙培养方面能做哪些工作。

《韦氏儿童智力量表》（第四版）（WISC- Ⅳ中文版）包括：

言语理解指数：主要是用于测量儿童语言学习、概念形成、抽象思维、分析概括等能力。

知觉推理指数：主要测量儿童的推理（言语推理和非言语推理）、

空间知觉、视觉组织等能力。

工作记忆指数： 主要反映儿童的记忆能力，对外来信息的理解应用能力。

加工速度指数： 考查儿童对外界简单信息的理解速度、记录的速度和准确性、注意、书写等能力。

我们逐一进行分析。

言语理解量表的各个子测验，包括类同 (Similarities)、词汇 (Vocabulary)、理解 (Comprehension)、常识 (Information)，主要是用于测量儿童处理语言信息的能力，以文字符号思考的能力，运用语文知识和技巧解决新问题的能力等。一般而言，言语理解的得分和被试的文化背景、接受教育的程度、学习和吸收知识的能力有关。

从这个大的子量表的解释来看，不难看出，早期对于孩子语言的启蒙将极大作用于孩子的智商提升，这势必是父母不可疏忽的功课。我们继续看这个子量表中的测试项目。

类同 (Similarities)： 此分测验中，主试会给被试（孩子）提供两个概念，并要求被试说出两个概念间的相同之处。比如说，"苹果和香蕉在什么方面具有相似性？"该测验用于评定被试言语的抽象逻辑推理能力、概括能力、语言概念的形成和同化、信息的整合能力。同时，该测验也涉及被试的听觉理解、记忆、对于概念的基本特征和表面特征的区别能力以及语言表达能力。低分者往往缺乏良好的抽象思维和归纳推理的能力，语言能力也往往欠发展。有学者发现类同测验是对左脑损伤尤其是左颞叶损伤较为敏感的分测验。高分者往往有良好的概念形成和同化能力、精确的语言表达能力，同时也反映出被试有良好的长时记忆。

词汇 (Vocabulary)： 此分测验用于测量个体习得的知识和言语概念的形成。主试会要求被试（孩子）给每一张图片命名，并口头解释每一个单词的词义。词汇分测验也用于测量个体的晶体智力、对于词汇的概念化程度、词汇的推理能力、学习能力、长时记忆能力。完成该测验还涉及个体的听觉处理和理解、抽象思考以及语言表达能力。词汇得分和个体受教育程度与受教育的经历有关，因此可以预测个体的学习状况和水平。词汇成绩得分低可能是由于有智力障碍、言语发展不良，或者是受教育水平不高。

理解(Comprehension)：此分测验要求被试（孩子）根据其对于常识、社会规范的理解来回答一系列的问题。比如，"当你看见邻居家的厨房冒出浓烟的时候，你应该怎么办？""为什么警察都穿制服？"这个分测验用于考察被试对于社会生活和常识的理解和判断能力、言语的理解和表达能力、运用过去的经验来分析问题和处理问题的能力、对于社会道德规范和准则的理解和运用能力以及个体社会化的成熟程度。

常识(Information)：此分测验要求被试（孩子）回答一系列的常识问题。比如，"世界上哪个国家的人口最多？""一年有几个季节？"该测验涉及被试的晶体智力，用于考察被试对于先前知识的学习能力、知识的保持、接受知识的广度、对于各种事物的关注、兴趣和爱好以及长时记忆。其他可涉及的能力有听觉处理和理解能力以及语言表达能力。

知觉推理指数（Perceptual Reasoning Index，PRI）：包含了积木（Block Design）、图画概念（Picture Concept）、矩阵推理（Matrix Reasoning）、填图（Pictures Completion）等子测试。主要测量儿童解决视觉信息构成的问题时所具有的能力，这涉及空间知觉、视觉组织以及逻辑推理等对非言语信息进行概括、分析的抽象思维能力，也可以很好地反映儿童的"流体推理"能力。

积木(Block Design)：积木分测验要求被试（孩子）根据主试提供的积木图形，在最短的时间内拼出和图形完全一样的积木图。这一测验考察被试的视觉分析和组合能力、非言语的概念形成能力、对事物的整体和局部的观察能力、手眼协调能力等。被试处于一个试误的过程中，必须应用知觉组织能力、空间想象能力、空间抽象思维能力来形成非语言的概念，并且解决问题。该测验的结果与被试的受教育程度相关度很低。高得分者往往有着发展较好的空间知觉、视觉处理速度和非言语抽象思维的能力。低得分往往预示着发展不完善的视觉分析和整合能力以及滞后的手眼协调能力；同时也可能说明被试缺乏尝试精神，遇到难解决的问题就轻易放弃。

图画概念 (Picture Concepts)：做图画概念测验时，主试给被试（孩子）出示印有不同图画的图片，每个图片上有 2 组或者 3 组图画，每一组图画当中又印有不同的物体。被试应当从每一组图画中选出一个物体，并使得这些选出的物体具有本质的相似性。比如，第一组图画中有"松鼠"和"雨伞"，第二组图画中有"小鸟"和"彩笔"，那么正确的答案应该是"松鼠"和"小鸟"，因为它们的本质特征都是动物。图画概念的作用和类同子测验的作用很相似，不过考察的是非言语的概念形成、分类、归纳和推理能力。

矩阵推理 (Matrix Reasoning)：做矩阵推理测验时，主试出示的图片上方是一个矩阵图。矩阵图中有一个缺失的小方块，被试需要从图片下方所提供的选择项中选出一个印有图形的小方块来填充有缺失的矩阵图，使其成为一个完整、符合逻辑的图形。这一测验考察的是被试的流体智力、非言语的推理和解决问题的能力、分析能力以及空间知觉和空间辨别能力。

工作记忆指数（Working Memory Index，WMI）：主要测量儿童的短时记忆、对外来信息的存储和加工以及输出信息的能力。包括背数（Digit Span）、字母 - 数字排序（Lertter-Number Sequencing）、算术（Arithmetics）。

背数 (Digit Span)：背数测验包括顺背和倒背两个部分。先让被试

（孩子）把刚听过的一串数字按相同的顺序复述出来，再把刚听过的一串数字按相反的顺序说出来。顺背考察被试的机械记忆力、注意力、听觉处理能力。倒背考察被试的工作记忆力，对信息的短暂存储、加工、编码、重新排序的能力，思维灵活性以及认知的觉醒程度。得分高的个体除了有较好的短时记忆能力和注意力，还有较好的存储和加工信息并且对信息进行重新编码的能力。神经心理学家建议将顺背和倒背分开来分析，顺背得分高和倒背得分低说明被试者处理信息的短时记忆强于工作记忆。顺背得分不高的被试者往往倒背得分也不高，但也有例外的情况。比如，有些被试的视觉记忆能力极强，在倒背时，可以利用其视觉记忆的能力，将给予的数字串转化为视觉图像呈现在大脑，然后将数字倒序背出。也有些被试在顺背时注意力不集中，得分不高；倒背时，因为任务难度更大，认知的觉醒程度大大提高，反而有更高的得分。

字母 - 数字排序 (Letter-Number Sequencing)：字母 - 数字排序这一分测验，在主试读完一串数字和字母之后，被试（孩子）必须先将听到的数字按从小到大的顺序背出，再将听到的字母按 26 个英文字母顺序背出。考察的是被试的注意力、听觉工作记忆的能力、空间和视觉的想象能力、思维的灵活性、处理信息的速度、排序能力等。

算术 (Arithmetic)：此分测验中，主试向被试（孩子）提供一系列算术问题，被试不能使用纸笔，而且在一定的时间内必须给出答案，超出规定时间给出的正确答案不予记分。算术测验考察的是被试的听觉言语理解能力、大脑的加工能力、注意力、工作记忆、长时记忆、数字推理能力等。在使用因素分析之后，设计者发现算术测验主要测量的是被试的工作记忆能力，但是很大程度也涉及被试的言语理解能力。原因是完成这一测验时被试需要应用言语理解能力来理解题目的意思。这也再次说明了现实生活中的很多学习和认知任务的完成往往需要涉及多种认知能力，而非某一单纯的认知能力。①

　　综上，我们可以很容易理解家庭中的早期培养，是需要很多细致工作互为作用的。除了充足的睡眠、吃喝营养对身体特别是大脑的供给、适度的运动、亲密的亲子关系构建的家庭情感场（后文"人和"篇中会详细阐述），早期给孩子看黑白卡、彩色卡，玩拼图积木以及益智类玩具，通过五感实现语言的刺激，慢慢靠近语言启蒙，阅读绘本、文字书，家庭劳动，等等，都需要父母给孩子安排。在本书的"妙法"篇中，我会结合《改变，从家庭亲子阅读开始》一书做充分翔实的论述。

作者 2022 年出版的《改变，从家庭亲子阅读开始》

流体智力和晶体智力

　　美国心理学家雷蒙德·卡特尔把智力的构成区分为流体智力和晶体智力两大类。

　　流体智力（Fluid Intelligence）是一个人生来就能进行智力活动的能力，以生理为基础的学习和解决问题的能力，包括认知能力，如知觉、

①以上部分文字来自《韦氏儿童智力量表》（第四版）性能分析，丁怡、杨凌燕、郭奕龙、肖非等人的工作。

记忆、运算速度、推理能力等。它依赖于先天的禀赋，随神经系统的成熟而提高。流体智力是与晶体智力相对应的概念，流体智力随年龄的老化而减退；晶体智力则并不随年龄的老化而减退。

流体智力属于人类的基本能力，受先天遗传因素影响较大，受教育文化影响较少。流体智力的发展与年龄有密切的关系：一般人在 20 岁以后，流体智力的发展达到顶峰，30 岁以后随着年龄的增长而降低。

晶体智力受后天的经验影响较大，主要表现为运用已有知识和技能去吸收新知识和解决新问题的能力，同时也是以从社会文化中习得的解决问题的方法进行应用的能力，是在实践（学习、生活和劳动）中形成的能力。这种智力不随年龄的增长而减退，在人的一生中都在增长。因为它包括了习得的知识和技能，例如词汇、一般信息和审美等。人通过在解决问题时投入流体智力而发展晶体智力，同时我们要清楚，生活中的许多问题（如数学推理）同时需要流体智力和晶体智力协同作用，共同解决。

工作记忆和长期记忆

工作记忆是大脑对周围事物的意识，例如，看到一束光落在一张满是灰尘的桌子上，听到远处狗吠的声音，等等。大脑还可以意识到环境中不存在的事物，例如，突然间想起母亲的声音，即使母亲当时并不在房间里（或者实际上母亲已经不在了）。

Working memory is the part of your mind where you are aware of what is around you: the sight of a shaft of light falling onto a dusty table, the sound of a dog barking in the distance, and so forth. You can also be aware of things that are not currently in the environment; for example, you can recall the sound of your mother 's voice, even if she' s not in the room(or indeed no longer living). Long-term memory is the vast storehouse in which you maintain your factual knowledge of the world: that lady-bugs have spots, that your favorite flavor of ice cream is chocolate, that your three-year-old surprised you yesterday by mentioning kumquats,and so on. (Why Don't Students Like School,Daniel T. Willingham, 2009, 14)

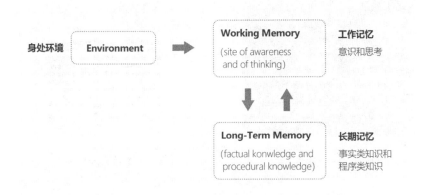

大脑的最简工作模型

长期记忆，好像是一个巨大的存储仓库，一个人对世界的全部了解都存储其中。例如，瓢虫背上有斑点，你最喜欢的冰激凌口味是巧克力，你 3 岁的孩子昨天提到"金橘"这个词，让你惊讶不已，等等。[1]

人们一般都意识不到自己的记忆存储着哪些信息。比如，几个人在一起讨论 80 年代的一首老歌之前，你不会意识到，原来你记得那么多的老歌，和老歌里的那些感人的歌词。这些老歌和歌词，就是存储在大脑的长期记忆中。但如果不是因为这样的讨论，工作记忆发生了调取，这些长期记忆就安静地存储着，并会有一些被遗忘。

---

① [美] 威林厄姆著，赵萌译、朱永新审校：《为什么学生不喜欢上学》，中国青年出版社 2009 年版。

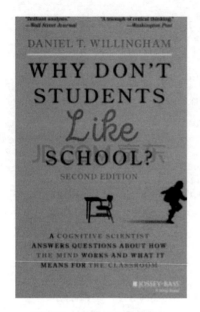

《为什么学生不喜欢上学》
英文版封面

《为什么学生不喜欢上学》
豆瓣评分 9.2

Thinking occurs when you combine information from the environment and long-term memory in new ways. 这句话的意思是：大脑在什么时候会开始思考，并很好地思考呢？当人们用新的方式将环境信息或长期记忆中的信息进行组合时，大脑就开始思考了。

如果，上段英文中出现的"occurs"是这句中唯一的生词，那么孩子很容易快速猜测出它的实际意义，并可以理解记忆，从而使这个词进入长期记忆中。当然，这样的能力是阅读者或者高级阅读者所具备的能力。即孩子阅读越多，阅读的能力势必得到提高。

当大脑的工作记忆不断增加，工作记忆的效率也会增加。工作记忆的效率增加，进一步会促进工作记忆存储信息的效率增加。解释一下，当一个 6 岁的孩子因为阅读而积累了相当数量的词汇在长期记忆中，那么当他阅读一本新书的时候，遇到新词，工作记忆开始调取长期记忆中围绕这个新词的已知词汇，进而帮助理解新词。那么很快，

新词被记住并理解掌握。这样的阅读持续发生，孩子就能积累更多的词汇，进而进一步提升阅读新内容、理解新内容的效率和效果。

昀昀阅读英文原版《星球大战》

我也希望孩子像艾伦·图灵一样"不分左右"

一位朋友曾经说："我认为孩子到什么年龄，就该做什么年龄的事情。"这句话其实代表了很多父母的潜意识，有诸多值得商榷之处。之前已经有所论述，此处进一步思考。

对孩子的启蒙是早一点好，还是晚一点好，没有确定的说法，或者就不应该有确定的说法。如果严格遵从科学，什么都只讲科学，那父母会被牵扯得很累，到头来疲于奔命，得不到休息，甚至会诱发焦虑。如果什么都不讲科学，仅凭着道听途说，依凭传统老旧方法，依凭老一辈的诸多民间育儿经验，也不妥。因为，其中不乏违反科学的粗陋之处。特别要清醒地看到，我们上一辈很多父母其实并不真的懂得育儿，只是"拉扯"孩子长大，一代一代地盲目拉扯。育儿本应是一门大学问，却没有被认真对待。如此，一个家庭几代人传承下来，实则每一代都不曾懂得育儿，更不懂得教育。

要不要让孩子更早地背诵唐诗宋词？要不要更早地让孩子学习算术？10以内加减法的100道题，要不要让孩子10分钟之内完成？答案自然都是否定的。

我见过特别伤害孩子的一家线上奥数培训机构的老师，我当然不会认同这样的人做老师，见她凶神恶煞般对着镜头前的孩子和他们的家长，言之凿凿地严苛要求：孩子必须把 100 道 10 以内的加减法，在 8 分钟之内做完。三年级之前，算术必须"过关"。

我真想当面质问：何谓过关？怎么算过关？又过哪门子关呢？如果家长真的都按照这等胡言乱语而盲目执行，可能像许埈珥这样的世界级的数学家，早早就被扼杀了。

丘成桐、华罗庚都未必能扛得住这样的摧残。关于华罗庚、王维克，后文会讲。

另一方面的思考是，在学校，确实有一些要求似乎过于刻板，有待商榷。

比如，小学一年级开始，对于孩子汉字书写的要求。田字格的使用，是否有相关的追踪研究？比如 6 岁、7 岁、8 岁不同年龄组开始使用田字格，规整书写，之后，他们用多少时间能达到理想的书写规范？是否有可能，6 岁开始书写的孩子需要两年半的时间才能达到书写规范，7 岁的孩子需要 1 年半，8 岁则只需要半年？当然，这只是假设。如果真的通过追踪研究得到证明，那么更早开始调教书写的孩子和晚些开始的孩子，既然都是在 8 岁半学会了规范书写汉字，那么，更早开始调教的意义为何？

接下来，为了搞清楚这样做的意义，可能就需要做进一步的研究。比如，通过韦氏智力测试，做"前后测"，即学习书写前和学习书写后，孩子智商的变化。当然，因为影响智商的因素非常多，也许应该设计出更加科学有效、能直观清晰体现结果的实验。

其实，以上的论述，只为说明一个条件，即"成熟"对于学习的影响。是不是成熟以后开始学习会更加省力？这样就不需要过早让孩子承受过重的压力或者学习项目。

双生子爬楼梯研究

不可否认的是，"爬梯实验"真实存在。美国心理学家阿诺德·格塞尔（Arnold Lucius Gesell，1880—1961）于 1929 年首先对双生子 T 和 C 进行了行为基线的观察，确认他们发展水平相当。在他们出生第 48 周时，对 T 进行爬楼梯、搭积木、肌肉协调和运用词汇等训练，而对 C 则不进行训练。训练持续了 6 周，其间 T 比 C 更早地显示出某些技能。到了第 53 周，当 C 达到爬楼梯的成熟阶段时，开始集中训练，发现只需少量训练，C 就赶上了 T 的水平。进一步观察发现，55 周时 T 和 C 的能力没有差别。格塞尔指出，实验年龄这一形式的概念和成熟水平这一机能的概念，对于实际生活常识和儿童发展科学这两者都是不可缺少的，在指导儿童时绝对有必要考虑行为的年龄值和年龄的行为值[①]。

写字不好的"后进生"华罗庚

基于以上论述，我跟自己的孩子昀昀曾有过这样的交流：我们知道学校里可能有一些课业负担，比如，写字。因为我和妈妈严格遵从科学和自然规律，在入学之前，没有教过你写字，所以，可能和有些同学相比，你会慢一些，但没有关系。重要的是，即便我和妈妈都知道科学自然、缓缓地让你学习和发展，但有的时候，也需要为了一些念头稍微用一些力，努力学一些东西。比如，我们都那么喜欢你的语文老师，你也那么喜欢她，那就为了让她能够完成学校交下来的教学任务，像一个男子汉一样勇敢去挑战，去用一些力，花一些工夫。但如果这样下来，你还是后进，那我和妈妈绝不会逼你半分。因为我们了解你，懂你，爱你。

---

① 林崇德：《智力发展与数学学习》第二版，中国轻工业出版社 2021 年版，第 28-29 页。

1923 年，华罗庚（1910—1985，全国政协原副主席，数学家，中国科学院院士，美国国家科学院外籍院士，第三世界科学院院士，联邦德国巴伐利亚科学院院士，中国科学院数学研究所原所长）在江苏省金坛中学读初二。一天，金坛中学的几位教员在一起谈论学生。"成绩好的学生都去省城念书了，剩下的这些都是鲁蛋（指笨蛋）啊！"一个教国文的教员如此说。数学老师王维克不同意这种说法，说道："怎么能这么说呢？这些孩子也不错啊，你看华罗庚就挺好的嘛。"

大家一听王维克说华罗庚不错，纷纷表示反对，嘲笑华罗庚的字就像螃蟹在爬一样，歪歪扭扭不成样子，乍看上去是个极不用功的学生。王维克说，起初他和大家一样，认为华罗庚的字不成样子，但后来经过一番研究才发现，他的数学本上很多涂改的地方，反映了他在演算习题的时候，是如何渐渐找出思路并最终解决问题的。①

王维克

生活中，我们不可能期待会遇到像王维克这样的老师，"遇见"总是可遇而不可求的。正如当世界遇上艾伦·图灵，艾伦·图灵却没有遇到这个世界。

英国数学家、逻辑学家，被称为计算机科学之父、人工智能之父的艾伦·麦席森·图灵（Alan Mathison Turing，1912—1954）年少时并没有遇到赏识他的老师，倒是他过早离世的朋友（爱人）克里斯朵夫·莫尔卡姆（Christopher Morcom）和他的父亲朱利叶斯·图灵（Julius Mathison

① 李建臣：《为数学而生的大师：华罗庚》，华中科技大学出版社 2020 年版，第 15-16 页。

Turing）是艾伦·图灵早期的伯乐。

1912年6月23日，帕丁顿的一间产房里诞生了一个男孩，7月7日，男孩的家人给他取了名字：艾伦·麦席森·图灵。

He was born on 23 June 1912 in a nursing home in Paddington, and was baptised Alan Mathison Turing on 7 July.

艾伦·麦席森·图灵

年少的艾伦·图灵，在旁人眼中简直糟透了。

Alan taught himself to read in about three weeks from a book called Reading without Tears...He was one of those many people without a natural sense of left and right,and he made a little red spot on his left thumb, which he called "the knowing spot".

上文大意是说：5岁时，艾伦·图灵通过一本《快乐阅读》，仅用了3周时间就学会了阅读……艾伦·图灵分不清左右，他就在左手的拇指上画了一个红点，称为"识别点"，通过它，来判断哪边是左。[1]

艾伦·图灵的哥哥约翰描述说，艾伦·图灵穿水兵服赶时髦，但一个扣子系没系上，系没系对，他都不管，哪只脚穿哪只鞋，对他来说根本没有区别。艾伦·图灵非常邋遢。

但艾伦·图灵的父亲朱利叶斯却早早发现了儿子的天赋。1919年，艾伦·图灵7岁的时候，有一天，朱利叶斯和约翰在钓鳟鱼，艾伦·图灵的

---

[1] Andrew Hodges：*Alan Turing：The Enigma,* Princeton，2014.

母亲在画素描。艾伦·图灵一个人在花丛中玩，想到了一个收集蜂蜜的方法，准备野餐时泡茶用。怎么做的呢？就是当蜜蜂飞过的时候，艾伦·图灵就在旁边观察它们的飞行路线，并通过标出交会点确定蜂巢方位。最终得到的那一点点脏乎乎的蜂蜜不算什么，但这样的智慧，被从旁细细观察的朱利叶斯深深地记在心里。1922 年，艾伦·图灵 10 岁，不知谁送给他一本《儿童必读的自然奇迹》（*Natural Wonders Every Child Should Know*）。艾伦·图灵由此热爱上了科学，他告诉母亲说，这本书让他大开眼界，让他知道这个世界上还存在一门叫作"科学"的知识。

艾伦·图灵走路很慢，像蜗牛一样慢。15 岁时，还是非常邋遢，头发乱糟糟的，衬衫总是不能整齐地塞到裤子里去，领带乱缠一通，扣子都会扣错。他给人的感觉永远都是怯懦、抑郁；嗓音又尖细，教过他的 17 个老师，没有一个能理解这个孩子。也不止一个老师喜欢挖苦艾伦·图灵，并以此为乐。庆幸的是，艾伦·图灵的父亲朱利叶斯·图灵并不在意艾伦·图灵不走寻常路，他对待儿子的特立独行非常宽容。父亲和两个儿子——艾伦·图灵、约翰都认为：人一定要勇敢地说出自己的想法，并按照自己的想法去做。

我第一次读艾伦·图灵自传的时候，就感觉他和我身边很多孩子好像；或者反过来说，身边很多孩子都和他很像：邋邋遢遢，不分左右，走路很慢，喜欢做一些"出格"的事情，惹祸，惹父母生气，比如，把玩具、手表拆开、拆散，把很多家里的试剂混合做小实验；从不按时起床，不喜欢说话，喜欢安静发呆；喜欢说话的，又有很强的规则意识，不按规则来就会失控，发脾气，哭闹。这些孩子，无疑都让父母感受到颇多烦恼，也自然会从成人的角度给这些孩子予以限制。读了艾伦·图灵，父母是否可以舒一口气，不要对孩子那么较真儿。也许，你怀抱着的，比当年的艾伦·图灵还要厉害，只是你还没有理解他，还不理解孩子的超常发展是怎样的样貌。

孩子超常的发展，需要父母的理解，充分的理解和支持。

被锁在思想中的女孩

虽然艾伦·图灵没有遇到王维克那样的伯乐名师，但他能表达，也从父亲那里遗传到了勇于表达的特质。即便路上遇到的陌生人、小朋友、老师都对他非常尖刻，但他有书读，可以读与他水平相当的书；有学上，可以学习与他水平相当的学问。而在我的记忆中，有这样两个人，命运凄惨，她们被囚禁在一处，不得脱身。因为两个人中的一个，马上要介绍的她，不会说话，不会走路，不会写字：

11 岁的梅洛迪有"拍照"般的记忆力。她的头就像一台摄像机，一直在记录着。而且没有删除信息的按钮。梅洛迪无疑是全校最聪明的孩子，但可惜没人知道。包括她的老师和医生在内的大多数人都认为她没有能力学习。如果她能大声说话，如果她能告诉人们她的想法和她的学识……但她不能，因为梅洛迪不会说话。她不会走路。她不会写字。她被锁在她的思想里，这让梅洛迪快疯掉了。

Eleven-year-old Melody has a photographic memory. Her head is like a video camera that is always recording. Always. And there's no delete button. She's the smartest kid in her whole school—but no one knows it. Most people—her teachers and doctors included—don't think she's capable of learning. If only she could speak up, if only she could tell people what she thinks and knows...but she can't, because Melody can't talk. She can't walk. She can't write. Being stuck inside her head is making Melody go out of her mind.

下面这段摘自 Draper Sharon M. 于 2010 年 3 月出版的一本书 *Out of My Mind*。每次看到这些简单、朴实、凛冽的文字，我都气得攥紧拳头，有时候甚至振臂一挥，却无力呐喊。

比卢普斯太太每天早上都会从播放她最喜欢的 CD 开始。我讨厌这些愚蠢的 CD 歌曲。有《老麦克唐纳有一个农场》《一闪一闪小星星》《可爱的小蜘蛛》——这些都是给连儿歌都不会唱的孩子听的，成年人愚蠢地认为很可爱的一类音乐，但其实就是垃圾！

Out of My Mind 英文版封面

比卢普斯太太每天早上都开足马力，一遍又一遍地放给我们听。可想而知，我们的心情会有多么糟糕。

比卢普斯太太翻阅了一下字母表。每一天，和三年级学生在一起。

"现在，孩子们，我们来学'A'好不好？你们中有多少人能读，这个字母'A'啊？很好！"其实，每次都没人回应她，但比卢普斯太太依旧自得其乐地喊一嗓子：好！

后面的故事怎样了呢？梅洛迪其实是因为不能讲话，不能书写，不能走路，被老师和医生误诊误判，和其他一些发育迟缓的学生分到了一起。即便是对于那些有智力残障的孩子，比卢普斯自以为是的拖沓教学，也是极其折磨人的。因为孩子们需要学习更多的东西，而这个自以为是的老师，认为这些孩子就只配学习低幼的儿歌，以及用几个月的时间学习一个字母"A"。

终于这天，这个烦人的老师惹怒了实在无法容忍的孩子。孩子们用自己的方式发泄不满，尖叫、乱踢、哭号。学校叫来了家长。梅洛迪的妈妈最先赶来。梅洛迪本以为妈妈会对自己生气，没想到妈妈到了之后，就马上展开深入调查。当妈妈发现这个可恶的比卢普斯老师居然还在教这些可怜的孩子如此简单的 26 个英文字母，以及居然给孩子播放那么低幼的 CD 歌曲，梅洛迪的妈妈爆发了："我绝不允许你们这样教我的孩子，给她听这么幼稚的 CD 歌曲，简直是侮辱和体罚！"随后，梅洛迪的妈妈扯下了 CD 里的那张唱片丢进她的包里，想想又拿了出来，同时，丢给了比卢普斯 5 美元，然后狠狠地把 CD 一掰两半。

Mrs. Billups started every morning by playing her favorite CD. I hated it. "Old MacDonald Had a Farm," " Twinkle, Twinkle, Little Star, " "The Itsy-Bitsy Spider" all sung by children who could not sing, the type of music grown-ups think is all kinds of cute, but it is awful!

Mrs. Billups put it on at full volume-every single morning. Over and over and over. No wonder we were always in a bad mood.

...Mrs. Billups went over the alphabet. Every single day. With third graders.

"Now, children, this is an 'A'. How many of you can say 'A'? Good!

She'd smile and say "good" even if nobody in the class respond...

每次读到这里，都特别感同身受，敬佩梅洛迪的妈妈的同时，也总会惧怕着现实中的囚笼。

如果，我的孩子已经学会了微积分，但老师却在教他 1+1=2，或者怕他不明白，教他跟读 1："会读吗？孩子？原来你不会说话啊？跟老师再读一万遍好不好啊？咱们每天都不停地读，不停地读，不停地读，1……"

这是我在读完这本书以后，做的一个噩梦，后来这个噩梦时常会出现。但我知道，这样的噩梦在现实中，发生在很多家庭里。就像我的童年。

曾经被牢牢锁住的我

我的母亲是 20 世纪 80 年代副食店的一名普通售货员，我的父亲是一名铁路职工，曾多次获得市级劳动模范的称号。但那时候，他们担不了养育我的担子，我出生后 1 个月零 2 天，就被送到了爷爷奶奶的家里。

当我从事超常儿童的一些研究时，也会花一些心思和时间做自我剖析，基本上判断我是先天的智力超常。几个月大的时候，那时连爬都还不会，但我清晰地记得一只很大的白猫从我的床边走过，尾巴上有一个小小的"对钩"。在我还不会说话的时候，整天待在一辆小木板车上。如果撒尿了，就轻敲车板三次，那是奶奶要求我做的，然后奶奶就会把车轻轻歪斜，这样尿就顺着木板周围的镂空处，流到地面。

奶奶总是引以为荣，夸赞这个木板车的设计好，这样带孩子的点子好，省力又不累，也偶尔夸夸我那么早就懂事了。伴着出现在眼前的不同邻居的啧啧称奇，奶奶一次次地用红色的塑料水舀，舀上一瓢水，冲一下小木板车子上的那块木板，连同我的双脚一起冲。那种冰凉的感觉，40 年后的今天依然记得。

我也记得家里搬迁之前，在屋子炕头墙上有一扇很小的窗子。我躺在床上，无法动弹，但我希望能多看到一点什么，但具体是什么，我无从知晓，就是有非常强烈的意识想要看看。然后我开始翻滚，自然很快掉到了床下，而那里有几盆仙人球等着我。然后奶奶喊来我的妈妈，还有邻居家的一位叔叔，我记得奶奶她们叫他"小德"。她们一起从我的头上和身上拔刺。我的妈妈和奶奶都没有哭，我记得清清楚楚，当时，只有我哭了。小德叔叔急得面红耳赤，他的大手很粗糙，拔刺的时候在抖。我爷爷赶回来，进门就急得骂街。他没有参与拔刺，可能是人太多了，挤不进来，就站在门口——那个磨得有点儿秃了的门槛儿前，骂街，是解放军战士的那种"文骂"，有板眼，有分寸。

　　长大以后，奶奶很多次回忆起这段经历，她都会说那时候她哭得很伤心。

　　我和父亲的交集其实不多，他几乎没有怎么陪伴过我，因为奶奶一直把我霸占在身边。亲戚说奶奶是抓牢我，好为她行孝养老。奶奶跟我说，她养我就是看我是个孝顺的孩子，一定会照顾她晚年。

　　记忆中，父亲带我一起去用一个大概2.5米的扑网抓蜻蜓（我记忆里，那个网比父亲高出一个网口，网口直径大概70厘米。我父亲一米八的身高，由此估算），兴起之时被奶奶拉回家。那时我大概4岁，因为我记得过了两个新年后，我上了小学。父亲带我坐了一次绿皮车，那次他在进站的商店给我买了一本绿色封面、绿色纸张的书，里面的图画和故事都怪怪的。奇怪的是，我能记住那么多过去，甚至几个月大时的细节，却不记得这本书里讲的是什么故事了。不过，我非常清晰地记得那时候的感觉，我拿着那本书翻的时候，激动得发抖。

　　我小时候玩得最多的玩具，就是"杏仁核"，我有几百个。我把大小不同的杏仁核分了类。最大的定为最"不值钱"，因为我感觉它们大而蛮。最小的次之。有一些特别匀称，彼此又有相似处的，我把它们归为"贵人"。我在自己构建的世界，用几百个杏仁核构建的世界里，自得其乐。

　　那其实是一种孤单，但我无法言语，因为我并不懂得"不孤单"是什么感觉，什么样貌。我不知道，生来就有闪卡看，有钢琴曲听，有父母依偎着暖着身子，是什么感觉。我不知道，1岁前就有父亲抱着我寸步不离，给我指着这个世界上的一切，逗我乐，会是什么感觉。我不知道原来身体可以那么干净，脚不会踩在屎尿里，而是被尿不湿包裹得好好的，被父亲无微不至地换尿不湿、抚触，能经常洗热水澡是什么感觉。我不知道母乳是什么滋味。不知道躺在妈妈的怀里，听她轻声哼唱，唱那温柔的小字歌，听她讲人文历史上的故事，讲千奇百态的世间故事，会是什么感觉。不知道每天拉着爸爸的手，倒在他的怀里，有读不完的绘本，有玩不尽的玩具是什么感觉。和爸爸、妈妈一起爬山、郊游是什么感觉。

我曾经有着不凡的智商，记得在上小学之前，我被困在那个什么都没有的狭小世界里，当然，不仅仅是小学之前，我被困了更久。我记得很小的时候，我对这个世界曾经有过的所有渴望。等我长大了才知道，一点点地知道，那个时候，我躺在床上望向墙面那扇小窗时，我到底要的是什么。

在适合的时候，给孩子展现这个世界。我曾经希望看到这个世界最美丽真实的样子，我曾经渴望知道人活在世界上的所有感觉，我的孩子昫昫都已经拥有，已经知道了，而且，知道得越来越多。

天时，重在理解，父母不急不躁不功利。早还是晚，不必在乎孩子的年龄，而是孩子是否准备好了，是否达到了学习某样事情、功课的阶段。早了学不会，父母不能和孩子发脾气，不能着急也不必心急。晚了孩子准备好了，但没有引他入门，就像我的人生，准备好了，但是没有书读，没有方向，没有父母引导入门。但晚一点并不是大碍，毕竟读了这本书，父母不会不给孩子买足绘本书籍，不会不给他们玩具积木，不会让孩子继续生长在囚笼里。天时，就是现在。

地利

Imagination is more important than knowledge.

想象力比知识更重要。

——阿尔伯特·爱因斯坦（Albert Einstein）

为什么我们一直没有获得菲尔兹奖

作为父母，我们该持有怎样的观点，以利于我们的孩子？写这部分内容时，我正在阅读《数学与人文》这套书，已经读到了第 24 辑《改革开放前后的中外数学交流》（一辑为一册单本书）。这套书由丘成桐、杨乐、季理真主编，李方为副主编。后来我又读到了数学家张益唐的故事，还有其他作者的一些书作、文献。阅读过程中我发现，不少数学界及非数学界的人都对菲尔兹奖耿耿于怀。

关于菲尔兹奖，上一篇中已经介绍过，这个奖项相当于数学界的诺贝尔奖。张益唐也因为中国一直没有拿到过菲尔兹奖而耿耿于怀达 20 年。

最初，我也曾有过数学门外汉对于这个领域的诸多好奇，为什么我们国家就一直没有获得此奖。但随着更多史实在眼前徐徐展开，更多的故事在心里沉淀下来。作为当今这个伟大时代千千万万家庭中的一员，可以很简要地描述这样一种说法：拿到此奖对于中国的数学家而言也绝非难事，大可静待花开。

新中国成立以来，祖国强大的速度是惊人的，举世瞩目。其中不乏千万人民为之奋斗和奉献，科学家也同样奉献了他们的热情、才智，甚至需要牺牲他们的梦想。如上一篇中，张益唐更向往的是纯粹的数论领域，如果那时他朝着这个方向一直钻研，也许后来能得到菲尔兹奖也未可知。但在那个全民为了祖国强盛高歌猛进的时代，北大校长丁石孙力劝张益唐放下他所执着的数论，认为一个数学天才不应只是沉迷于"虚空"，要为时代的伟大进程做出实际贡献。

《华罗庚文集》封面

那个时代的中国学界，纯理论研究在很多科学家看来，都被认为是不切实际的"虚空"。1950 年，曾振臂高呼，邀千万在美华人科学家、学子归国的华罗庚，在主持筹建中国科学院数学研究所期间，结合自己对数学在世界发展及国家发展上的作用的洞见，对于强调应用、忽略基础研究的情况，基于长远考虑，进行了适当纠正。他在数学研究所成立后大力网罗人才，理论研究和应用研究并重，坚持数学的全面发展。

但在当时的数学界，对应用数学的理解普遍比较浅显，认为"数论是不联系实际的""概率统计是联系实际的",而将数学分支划分为联系实际和不联系实际两大类。甚而认为微分方程与概率统计才是数学联系实际的两大触角,所以要全力发展。讨论中,大家用来作为标准的"实际",其实反倒是"虚空"。因为当时,谁也说不好什么才是"实际"的:是数学结合其他学科的研究算联系了实际,还是数学用于生产实际才算是实际的?

　　1958 年后,华罗庚在数学研究所的工作是不顺利的。他在纯数学领域的研究工作,碍于舆论先后做了数次修改,但无论他怎样解释,总会受到责难,批评华罗庚搞的研究是"虚空",是为了"追求个人的名利"。

　　这样的环境,自然给很多优秀的数学家带来巨大的压力。当然,这样的情况在如今已经大有改观。我以平凡家庭的父亲的身份,一方面期待着祖国了不起的数学家能早日取得世界顶级的数学大奖;同时,也期待自己的孩子能为之奋斗一生。试问哪个父母不希望自己的孩子能够在一份宏大的事业中尽展才华呢?

工作中的华罗庚

　　既然提到了华罗庚，就忍不住想分享他 1950 年从美国回到中国时，致全体留美学生的那封饱含爱国情怀、热情洋溢的公开信。1949 年 2 月，华罗庚收到女儿华顺从北平寄来的一封信。那时身在美国的华罗庚，已经获得伊利诺伊大学终身教授身份，以及该大学对终身教授的最高礼遇：除了优厚的物质条件外，还准许他选择两位杰出的青年数学家与其一同工作，力求把伊利诺伊大学建设成全美的代数中心。华罗庚未来的前途事业一片大好，但当读到女儿的来信时，华罗庚激动万分。信中这样写道："北平解放了，全城一片欢腾，共产党廉洁奉公，解放军纪律严明，不拿百姓一针一线……新中国的建设需要一大批科学家参加，希望爸爸妈妈赶快回家。"

　　当时很多美国人不理解，为什么美国的高楼大厦、风光和美味佳肴，甚而每年高达 2 万美元的年薪，居然留不住一个华罗庚？这样的生活在当时的中国，是根本无法想象的。

　　伊利诺伊大学在得知华罗庚要回国后，竭力挽留，甚至建议他"可以先回去看看，把孩子家人留在伊利诺伊大学，由校方悉心照料"，但都被华罗庚婉拒了。华罗庚经香港到北京，在抵达香港后，他闭门谢客，写下了《致中国全体留美学生的公开信》。1950 年 3 月 11 日，新华社向全世界播送了华罗庚的公开信。之后，从 1950 年到 1957 年，有大批海外留学生、科学家、学者克服重重阻力，从美国、英国、法国、日本等国回到祖国的怀抱，投入新中国的建设中，其中不乏日后为新中国的建设做出伟大贡献的杰出人士。

华罗庚致中国全体留美学生的公开信

朋友们：

　　不一一道别，我先诸位而回去了。我有千言万语，但愧无生花之笔来一一地表达出来。但我敢说，这信中充满着真挚的感情，一字一句都是由衷心吐出来的。

坦白地说，这信中所说的是我这一年来思想战斗的结果。讲到决心归国的理由，有些是独自冷静思索的果实，有些是和朋友们谈话和通信所得的结论。朋友们，如果你们有同样的苦闷，这封信可以做你们决策的参考；如果你们还没有这种感觉，也请细读一遍，由此可以知道这种苦闷的发生，不是偶然的。

让我先从大处说起。现在的世界明显地分为两个营垒：一个是为大众谋福利的，另一个是为少数的统治阶级打算利益的。前者是站在正义方面，有真理根据的；后者是充满着矛盾的。一面是与被压迫民族为朋友的，另一面是把所谓"文明"建筑在不幸者身上的。所以凡是世界上的公民都应当有所抉择：为人类的幸福，应当抉择在真理的光明的一面，应当选择在为多数人利益的一面。

朋友们！如果细细地想一想，我们身受过移民律的限制，肤色的歧视，哪一件不是替我们规定了一个圈子。当然，有些所谓"杰出"的个人，已经跳出了这个圈子，已经得到特别"恩典""准许""归化"了的，但如果扪心一想，我们的同胞都在被人欺凌，被人歧视，如因个人的被"赏识"便沾沾自喜，这是何种心肝！同时，很老实地说吧，现在他们正想利用这些"人杰"。

也许有人要说，他们的社会有"民主"和"自由"，这是我们所应当爱好的。但我说诸位，不要被"字面"迷惑了，当然被字面迷惑也不是从今日开始。

我们细细想想资本家握有一切的工具——无线电、报纸、杂志、电影，他说一句话的力量当然不是我们一句话所可以比拟的；等于在人家锣鼓喧天的场合下，我们在古琴独奏。固然我们都有"自由"，但我敢断言，在手酸弦断之下，人家再也不会听你古琴的妙音。在经济不平等的情况下，谈"民主"是自欺欺人；谈"自由"是自找枷锁。人类的真自由，真民主，仅可能在真平等中得之；没有平等的社会的所谓"自由""民主"，仅仅是统治阶级的工具。

我们再来细心分析一下：我们怎样出国的？也许以为当然靠了自己的聪明和努力，才能考试获选出国的，靠了自己的本领和技能，才可能在这立足的。因之，也许可以得到一结论：我们在这儿的享受，是我们自己的本领，我们在这儿的地位，是我们自己的努力。但据我看来，这并不尽然，何以故？谁给我们的特殊学习机会，而使得我们大学毕业？谁给我们所必需的外汇，因之可以出国学习？还不是我们胼手胝足的同胞吗？还不是我们千辛万苦的父母吗？受了同胞们的血汗栽培，成为人才之后，不为他们服务，这如何可以谓之公平？如何可以谓之合理？朋友们，我们不能过河拆桥，我们应当认清：我们既然得到了优越的权利，我们就应当尽我们应尽的义务，尤其是聪明能干的朋友们，我们应当担负起中华人民共和国空前巨大的人民的任务！

朋友们！"梁园虽好，非久居之乡"，归去来兮！

但也许有朋友说："我年纪还轻，不妨在此稍待。"但我说："这也不必。"朋友们，我们都在有为之年，如果我们迟早要回去，何不早回去，把我们的精力都用之于有用之所呢？

总之，为了抉择真理，我们应当回去；为了国家民族，我们应当回去；为了为人民服务，我们也应当回去；就是为了个人出路，也应当早日回去，建立我们工作的基础，为我们伟大祖国的建设和发展而奋斗！朋友们！语重心长，今年在我们首都北京见面吧！

1950 年 2 月归国途中

中国数学家的"涌现"——数学家之乡

中国，到底是不是一个涌现数学家的天地？中国，到底是不是数学家之乡？中国，到底能不能诞生跻身世界舞台、与顶级数学家比肩的举世瞩目的伟大数学家？答案一定是：是！能！

万书丛中，随便翻阅一本与数学相关的书籍，就能看到无数中国数学家的名字。

创立南开大学算学系的姜立夫（1890—1978）曾说："中国要富强起来需要科学，数学是科学的基础，因而更先需要数学。"姜立夫是自胡明复 1917 年获哈佛大学数学博士之后，中国第二位取得美国数学博士学位的人。著名数学家陈省身，以及刘晋年、申又枨、江泽涵、孙本旺、吴大任都曾是他的学生，还有更早的陈叔平、陈仲武，以及陈建功、熊庆来、苏步青、许宝騄、华罗庚、林家翘、吴文俊、陈景润、冯康、周伟良、萧荫堂、钟开莱、项武忠、项武义、龚升、王湘浩、伍鸿熙、严志达、陆家羲、苏家驹、王菊珍、谷超豪、王元、潘承洞、魏宝社、高扬芝、徐瑞云、王见定、吕晗……

中国的数学家实在太多太多了，中国的数学没有问题，孩子生长在中国，学习数学没有问题，未来有所建树自然也不成问题。所以，没必要因没有获得某个奖项而引发忧虑。

我们有那么多的数学家，有那么深厚的数学底子，完全不需要担忧，做就好。

因为想了解中国数学在世界上的地位，我开始检索文献资料。还真让我发现，原来在中国的各大城市中，居然有"数学家之乡"一说。"数学家之乡"指的是温州，可以去看一本名为《数学家之乡》的书。

据统计，在一个时期内，中国国内主要大学的数学系主任有三分之一是温州人。先后有 6 位温籍数学家担任过高校校长或副校长。来到温州数学名人馆，能看到展馆选取的近代以来各个时期有代表性的温籍数学家有 29 位。馆内有他们的生平成就介绍，参观者可以借此了解一些温籍数学家非凡成就的冰山一角。

图为温州数学名人馆内姜立夫（左）、苏步青（右）、谷超豪（中）
三位数学家塑像

从创立南开大学算学系的姜立夫，到苏步青、李锐夫、潘廷洸、柯召、方德植、徐贤修、徐桂芳等第一代数学家，到白正国、项黼宸、徐贤仪、杨忠道、谷超豪、张鸣镛、张鸣华等第二代数学家，直至胡毓达、项武忠、项武义、姜伯驹、李秉彝、陆善镇等第三代数学家，等等。这些温州籍数学家群星闪耀，自然是中国数学界茁壮发展的一支代表力量。枝繁叶茂，可以想见未来必将大树参天，硕果累累。这同时也让我想到了另外一本书——《人类群星闪耀时》。

"温州何以出了这么多数学家？"我很是好奇。这中间，是否有可以参考借鉴，能用于孩子的数学培养的经验？经查阅资料，发现我的这等好奇于 20 世纪 80 年代早已有之，并已形成气候。

数学界的"温州现象"广受关注，为了解开谜题，著名数学家苏步青与徐桂芳，将"进行一次求真务实的调查研究"的任务交给了谷超豪。1999 年，转任温州大学校长的谷超豪召集胡毓达等一批学者，专门成立课题组进行研究。课题组用时 10 年，全面搜集史料，走访当事人，探寻事件背后的诸多细密线索，最终汇集成了一部 35 万字的著作《数学家之乡》。温州大学数学学院副院长洪振杰将温州数学家辈出的原因，简要归纳为四个方面：一、重视数学的社会传承；二、德学兼优的数学师资；三、刻苦实干的地域品性；四、地处信息开放的沿海环境。

我们看到，这四个方面的任何一条都非温州所独有，但是在温州一地有机融合起来。有不少研究者和教育从业者又进一步做了总结，四个方面所蕴含的"情怀"和"传承"是温州成为中国数学家之乡最根本的力量源泉。

孩子数学学习的最大利好

至此，我既回答了自己的一些疑问，也一定会帮助很多父母未雨绸缪。温州这座"数学家之乡"的本土优势，已经随着改革开放，随着国家对数学这个专业越来越重视，随着更多数学家进入全国各大高校任教，随着小学及中学教师队伍的空前壮大，已辐射全国。

从国家到各城市的整体数学氛围来看，从孩子的数学培养考虑，我们无疑都是占有地利的。2021 年 7 月 24 日，中共中央办公厅、国务院办公厅印发《关于进一步减轻义务教育阶段学生作业负担和校外培训负担的意见》，要求各地区各部门结合实际认真贯彻落实。"双减"之后，孩子上学的课业压力负担小了。我的孩子昀昀每天大概 15：00 放学，我就可以接上孩子回家了。在北京，有的区校据说还有下午 14：30 放学的。回家之后，我就用将在"妙法"篇中介绍的方法，陪孩子玩儿。一般晚上 19：00 之前吃过晚饭，简单洗漱，听一会儿《三国演义》《孩子们喜欢的中国史》这类的故事。20：20 之前，孩子就睡下了。第二天早上 6：50 起床，孩子的睡眠基本保持在 10 个半小时左右。

昀昀在阅读英文版《指环王》

　　孩童时期睡眠充足，对于学习尤为重要。妙法篇中对此会详细论述。这里说一下家庭。

　　"家庭"在本章，以及接下来的"人和""妙法"篇都会有不小的篇幅涉及，因为家庭才是论述实践的具象之处，做远比说重要。但在此之前，还是要引入一个很特别的问题，可能大家之前都不曾思考过：从孩子的成就发展考量，捷径大体都是"死路"。

"捷径"大体都是死路

我们先从大的事件、大的层面来推演这个逻辑。自 20 世纪八九十年代始，出国留学的圈层中突然冒出一种"示范"，即可以通过对考试的试题分析、准备，来提高通过出国留学考试的概率。这种"示范"因需求量的庞大，机关机构不断壮大成为公司，甚而成为集团。但今天回望由此"示范"而动的出国大军中，有几人能如姜立夫、陈省身、丘成桐、华罗庚那般有成就呢？

曾经，出国留学是因为学子为了求更大的学问，学成归国，建设家园。而一时兴起的"示范"，又有多少乌合之众混杂其中，多少家庭投进了足量的金钱，换回的却是孩子手里那一纸不怎么扎实的文凭。

倘若此等示范不曾出现，会不会有更多学子从小就更加努力？会不会出去的人更加珍惜机会？会不会国外的高校助力国内的人才出国深造？会不会出不去的日后也可以成才，不再虚妄轻飘，而能真正沉淀自己？

"爸妈做的都是为了你好。"把学业不精、能力不行的孩子送出国，真的就是为了他好吗？通过关系，把孩子安插在一个岗位里，真的就是为了他好吗？该做的不做，不该做的却比"质子"做得还要多。刘慈欣在小说《三体》中描画了外星文明在发现地球以及地球爆炸式突飞猛进的科技发展速度以后，一方面觊觎地球环境极佳的生存条件；另一方面，又忌惮当几百年后到达地球时，这个星球的科技水平已超过了三体文明。所以，他们派出了几枚"质子"，通过干扰地球的基础科学，锁死人类的科技进步。这就是三体的"捷径"，而父母给孩子谋划的诸多"捷径"，大体都如"质子"般，锁死了孩子的未来。

一般说来，如果靠斥巨资送孩子出国，那么家庭的财富就是孩子发展的上限；靠关系帮孩子找工作，那"关系"就是孩子人生发展的上限。

而且，终其一生，可能离那个微不足道的上限，都距离遥远。

身为数学家，虽然丘成桐道出自己不善于计算，但其实他也好，其他数学家也好，都极其善于计算。当然不是简单的算术，而是计算着学业学问，计算着前路前途，计算着事业未来。投入产出之间的比率，他们比很多其他行业的学问家都要更清楚。

父母首先要学会计算。我从很小到 30 岁，都居住在一间 34.89 平方米的屋子里，和爷爷奶奶生活在一起。我结婚时，爷爷已经离世，如果接下来，我还是生活在那里，大体就是四口人。我和奶奶，还有妻子和孩子。即便这样的面积，我也一定会放一组书架，几百本书一定是要有的。

有书的家就是豪墅了

结婚以后，我带着奶奶搬到了北京，屋子大了一些。于是，我开始一边学习如何育儿，一边学习如何布置我的家。因为是边学习边改善，所以分成了几个不同的阶段。读者们大可以一气呵成，不需要像我，有的事情竟研究了六七年。

屋子要窗明几净。我和妻子 2015 年年底租到了一套两室的楼房。那次，我一进屋门就被卧室阳台的落地大窗震撼了，阳光铺洒进来，透彻、明亮、踏实，宛如冬季里的暖夏。大体几分钟，确定了还未搬离的原租客对屋子的爱惜，以及房东的热情大方，我就赶紧跑下楼，从停在楼下的小车子里接来等候我的妻子，和她怀里抱着的还没满月的昀昀。我护着她们一起参观，我们的新家，热情洋溢、赏心悦目。我清楚地记得那天的欢笑，还有希望。

我去过爱人的亲戚家，一栋两层的豪宅，沙发大得如床，柜子落地如窖，有三角钢琴，却一家连同三个孩子，谁都不会弹。楼上楼下参观一番，可见豪华，却不见一书一本。如此的家庭，居然就没置办一个书架，确实可惜。

在今天这个时代，没有书的家，其实不成其为家。我经常想起 1993 年春节联欢晚会上倪萍和冯巩上演的小品《串门》。两人扮演老同学。冯巩是下海经商的有钱人，买了大房子，很宽敞，有几厅几室。倪萍扮演文化工作者，家里不阔绰，但满屋子都是书。小品中，冯巩邀请老同学倪萍来家里做客，实则是借机显摆：吊灯是法国的，窗帘是美国的，就连扫帚都是柬埔寨的。冯

给孩子打造一个家庭图书馆，让书香
浸润童年

巩提出想给家里增加一些文化氛围，倪萍的一句"我们家房子特小，堆一堆书就全满了"，激发了冯巩，他立时想到买书装文化人的办法。倪萍说你这家那么大，都装上书，至少得 20 万。冯巩一点儿不当回事，说这点儿钱，不多。但买书对他来说是个麻烦事情。因为他既不懂书，也不读书，就

想让倪萍干脆代劳购置。倪萍被冯巩的一句"反正买了我也不看"气笑了，提出要不就在满墙画上书得了，以假乱真。冯巩居然对这个点子认可称赞，拍手叫绝。这是 1993 年的小品，反讽了生活中的一些只图虚华、不求读书踏实生活的假大空现象。这样的现象今天还是普遍存在，因为互联网的滥用，甚至更甚。进而可以这样说，随着互联网的兴起，乐于阅读纸质书、大部头的读书人有日渐减少的倾向。

我的团队做了一个调查，随机抽取了 1000 个读者家庭。他们加入昀爸读书会后的三年内，给孩子购买书籍总量达到 209.4 万册，平均一个家庭购书量达到 2670 册 / 年，最高的年购书量达 1.2 万册；三年下来购书数量最多的，超过了 3 万册。

让孩子出生就获得最佳的"地利"

国家对数学的重视，父母多少都会受到影响。而学校，那是孩子入学之后才会有的极大利好。在此之前，孩子出生后，最为直接的就是家庭的整体环境。培养数学家，有必要在家庭多花一些心思。在上面的论述中，谈到家庭购置书籍是重要环节，下面就具体论述一下为何重要。

我们都知道对于数学的学习，分析和归纳是非常重要的能力。正如 Willingham 博士所述：

It's also true (though less often appreciated) that trying to teach students skills such as analysis or synthesis in the absence of factual knowledge is impossible.[1]

以上英文内容大意是说如果凭空让孩子拥有分析能力或者归纳能力

---

[1] Daniel T. Willingham: *Why Don't Students Like School?* John Wiley & Sons Inc，2009．

是不可能的。需要孩子先具备充足的知识。这些知识先于能力项，存储于大脑中。

讲到此处，让我想起姜立夫先生曾经对江泽涵（我国数学家，北京大学数学系教授）说的那句话："切不可以在沙滩上筑大厦。"还有爱因斯坦的那句：想象力比知识更重要。（Imagination is more important than knowledge.）

"中央研究院"成立二十周年纪念会
第一次院士会议

姜立夫先生

知识先于能力技术，好像知识更重要。爱因斯坦说想象力比知识重要。这不是矛盾吗？可能鲜有人将威林厄姆、姜立夫和爱因斯坦的话联合起来助力立论。看似矛盾的结论，如何筑起共识？当然，这些伟大的科学家结合自身发展、认识总结的智慧结晶各有其道理，只是要有周密的逻辑。如我在本书中所述的"慧阅时巧久"让孩子精通数学的结构一般，讲逻辑，懂深意，得内涵。家庭培养孩子一定是先看智力能力，再看阅读能力，依次梳理下去，步步为营，定成大器。

第一次谈"不求甚解"的阅读方式

一谈起知识，很多父母不免会联系起那些非常具体、有逻辑且归纳好了的知识，比如，"小九九"是知识，一首唐诗是知识，2+3=5是知识。这正是爱因斯坦所反对的。爱因斯坦认为，真正的知识是构建，是激发，

爱因斯坦

起码是不能妨碍想象力的。如果让孩子死记硬背一首古诗，不光浪费掉了很多宝贵的时间，更会伤害孩子的想象力的构建和激发。这样下去，总会遇到孩子很小就能熟练背诵"小九九"，但到了学习微积分的时候，完全不能掌握的情况；会遇到孩子能熟练背诵唐诗三百首，但说不清楚一首诗的故事和含意；很小就背了2+3=5，却不知道3+2等于几。

通过系统阅读，形成了碎片化的理解，助长了孩子的想象力。因为探求新知的心也颇旺，自然因需而自主学习起来，不鸣则已，一鸣惊人。这就是丘成桐提到的"不求甚解"式的学习方式。"不求甚解"出自我国著名田园派诗人陶渊明，他在《五柳先生传》中写道："好读书，不求甚解；每有会意，便欣然忘食。"大意是说，喜欢读书的人，不在一字一句的解释上过分深究；每当对书中的内容有所领会的时候，就会高兴得连饭也忘了吃。

书一旦读死了，也就没有读书所应该有的意义了。所以一本书，也许会读上10年。不是说用了10年才读懂了一本书，而是有的好书，内容的实用性极高，而涉及的技术含量和难度也都很高。可能一句话，就足够受用，帮助阅读者开展与之相关的其他书目的阅读，并顺利展开工作。再过一段时间，遇到些困难，于是又想起这本书，就再

拿起来。于是，这样断断续续，由一本书，引出几十本，甚至几百本书，从而令阅读者进入一个领域，收益颇丰。

背景知识对阅读而言是必不可少的。阅读能力很强的孩子，可以在六七岁就读完《三体》三部曲，读完《哈利·波特》1～7部的300多万字。

我的孩子昀昀就是这样的孩子。但是，如果没有从1～2岁开始的系统阅读，小步积累，没有运用"不求甚解"的阅读方式（详见"妙法"），他头脑中就很难在短短几年，积累如此大量的背景知识，也就不可能在6岁读得懂《三体》。

昀昀读英文版《哈利·波特》第七部

前些天，我照常陪昀昀听《三体》的音频，当听到罗辑被从冬眠中唤醒后，看到信心满满、欣欣向荣的地球新人类……我问昀昀："为什么那时候的地球人会认为可以打败三体了？"昀昀回答："因为思想钢印。"我又问："什么是思想钢印？"昀昀回答："就是让人们相信地球人会胜利这一点的办法。别说话了Daddy，认真听吧。"

姜立夫和江泽涵——切不可以在沙滩上筑大厦

1931年，江泽涵由美国学成回国，受聘到北京大学任教。当时北方公立学校教育经费长期拖欠，教育质量不能保证，教学秩序深受影响。

以北京大学数学系为例，因对学生要求不严，成绩考核很不认真。江泽涵是专攻拓扑学的，姜立夫向他指出："等有了经过严格训练的高年级学生时，你才可以教拓扑学，切不可以在沙滩上筑大厦。"还建议他从低年级课程教起，并随班前进，以便让学生受到严格训练。

江遵照姜的指导，第一年只教一、二年级的课，并大体按照姜立夫的教学模式，从严要求学生。一年级的学生不能接受，还曾罢课几天。幸而院系支持，罢课中止。如此坚持 2～3 年，终于能在高年级组织讨论班，并开展拓扑学的研究。实践证明，按照这个方针，取得了良好效果。

让孩子的大脑发展在家庭中充分展开

系统地阅读，系统地启蒙培养，但不能以"知识"为考量标准，不得打扰孩子。也许孩子已经非常擅长分数的知识了，但还不能背诵"小九九"，这完全没有关系。一定是地基没有打好，至于少了哪块，分析起来颇复杂，也许就像前篇提到的格塞尔的双生子爬梯实验，也许是因为孩子"成熟度"还没有达到，等等就好。这都可以归纳为"不求甚解的阅读学习方式"。

在家庭中，要让孩子一出生就有"地利优势"。我和妻子 2015 年年底租到了一套两室的楼房。孩子出生了，我对他的小床的安置格外在意。除了基于选择性听力能力的培养和大脑 80% 的信息来自看（见《改变，从家庭亲子阅读开始》）这两点之外，还有我小时候的记忆，以及这么多年对于心理学和脑发展相关知识的浅显理解。

我会让孩子小床的围栏更具有穿透性，他无论向左还是向右都很容易"看出去"。相应地，小床的摆放位置的选择也要用点心思，要能使孩子无论向左边或是向右边看，都具备最佳的视野。抬头往上看，也要能看到很多挂件玩具，以不同的高度挂置，尽量满足可能由视觉发生的与认知相关的大脑神经元突触发生的需要。手边和脚边也有一些可以触碰、软硬不同的物件玩具，有触碰会发出声音的玩具物件。

在杜曼博士的书中对脑宇宙、脑神经元也有非常切中要领的描述：

| 36 周 | 新生 | 3 个月 | 6 个月 | 2 年 |

Synapse formation

不同月龄婴儿的大脑突触发生对比

　　子宫孕育着的婴儿，虽然大脑已经赋予了上百亿个脑神经元，但需要外界的信息有效刺激，才能激活它们，形成突触发生。所以，孩子的出生，也是游戏真正的开始。智慧来自外界对于孩子感官的刺激：听觉、视觉、味觉、嗅觉、感觉。父母的情绪，竟也是孩子的"地利"。因为父母的情绪，构成了孩子从出生起成长的环境要素。孩子很小就能感受到父母的情绪，所以，尽量不要带着火气陪伴小月龄的婴儿，特别是喂奶的时候。

It is now recognized that the sooner the baby receives sensory stimulation and opportunity for mobility and language expression, the more likely that brain growth, development,and skills will be optimized.

Even though the baby in utero is creating billions and billions of brain cells prior to birth, those brain cells only await stimulation to create networks of function that will allow the child to see, hear, feel, taste, and smell, and the experience that develops mobility, language, and manual ability. ①

　　From the moment a baby is born, a struggle begins. Mother does her best to keep her baby close to her, and the world does its best to separate mother from baby.

　　环境的布置更应该考虑，如何让父母有更多机会和孩子"在一起"。如果孩子的数学启蒙并不像"天时"篇中那样浪漫，不是从数孩子的手指和脚趾开始的，那很可能是从"几何"启蒙开始的。孩子从认知线条和明暗、形状和大小开始，那么家庭环境中的黑白卡和彩色卡就不可或缺。我在孩子昀昀出生到 4 岁这个阶段，给他买了近万张各色各式的卡片，供其自主学习启蒙。

　　国外有句谚语：可以把马带到水边，但不能强迫其喝水。对家庭启蒙而言，这句话的重点在前半句，要及时把马带到水边，渴的时候，马自然会自己喝水。卡片、益智玩具、书籍绘本都应该布置在家中孩子目所能及的地方。可以根据孩子成长阶段的需要而进行调换，但力求保证足量。摆放一墙的凡·高作品，也许价格不菲，但对孩子的启蒙作用，远不及量化可估的方式。

要多给孩子准备益智
玩具、书籍绘本

---

① Glenn, Doman, Janet, Doman：*How Smart Is Your Baby?* Square One Publishers，2006.

我们家中从不会客。但是 2022 年，破例了，我邀请了光明日报出版社的社长潘剑凯先生来家闲叙。我很感激出版社相中了我的新书《改变，从家庭亲子阅读开始》。当时去出版社和社里的老师、领导讲述我的创作过程，激动之下和潘社长说，很希望接下来进一步向各位老师、领导多分享一些经验，也欢迎领导来我家做客。

真心换来社长真的前来。我直言，因为我家里其实是把孩子的整个大脑发展展示了出来，从父母的心思出发，这个小房间是我们家庭的绝密之所。

其实，还有我的大脑的展开。

我和昀昀看过的很精彩的书、正在看还没有看完的书，由一本书所引出的其他的书，交织盘错形成密密麻麻的思维线索，也帮助我们只要在家中，一些记忆就不会陈旧，更有新的思考和思想因为家庭中的布置而不断地涌现。除了卡片、不同类别的积木、拼图、益智玩具，好书摆放在书架上，要远比下载到电子设备上，更具有提升孩子智力能力的作用。

我走进超常儿童的研究领域，最初也是得益于《超常儿童发展心理学》这本书。其中介绍了中国超常儿童研究协作组于 1983 年撰写并出版的《智蕾初绽》，以及 1987 年出版的《怎样培养超常儿童》，1990年出版的《中国超常儿童研究十年论文选集》，朱源于 1988 年撰写出版的《少年大学生的足迹》，凌培炎于 1989 年撰写出版的《早期教育和超常儿童》，冯春明、张连云、冯江平于 1990 年出版的《超常儿童培育手册》，辛厚文于 1991 年出版的《超常教育学》，查子秀于 1993年出版的《超常儿童心理学》，刘秀云于 2001 年出版的《超常儿童成长摇篮——北京八中超常教育实验班》，查子秀于 2002 年出版的《成长的摇篮——家庭高素质教育》，等等。这几本书，让我能够很快入门，以"书套书"的方式，又购入更多的佳作，从而获得越来越多的这个领域的知识。此处，一并感谢以上作者。我也会在这本《每个孩子都可以成为数学家》中，将对我撰写此书有启发作用的佳作一一列于最后，期望更多的有识之士共读佳作。

人和

People acquiring a second language have the best chance for success through reading.

精通第二语言的人更容易通过阅读取得成就。

——斯蒂芬·克拉申 （Stephen D. Krashen）

与物理的缘聚缘散

在"天时"篇中，以《曾经被牢牢锁住的我》为题，我有过一段自述。自少年时，我就发现自己在学习方面的特点是"慢"，我一定要有属于自己的节奏。如果在考试前，我对知识点的掌握不扎实，我无论如何也做不到临阵磨枪。在考试前三天，我就会"放弃"对考试的所有准备，做一些其他的事情。比如，读一读我喜欢的书，跑跑步，打打球，整理收拾一下，等等。

我其实一直不能准确地面对自己的这个特点，这到底是缺点，是心理的承受能力不足，还是被我轻视了的一种学习习惯？

当我拿起心理学的书，开始从心理学的角度去看历史上的科学家、数学家、物理学家的传记和考证资料时，我看到了很多与我相同的心理描写。许埃珥这位数学界顶级奖项菲尔兹奖的获得者慢得一塌糊涂，如果你不知道他，和他聊一会儿数学，甚至一定会认为他连微积分的考试都通不过。还有爱因斯坦，虽然他能顺利通过考试，但他对于考试对他研究科学状态的损伤，表述得非常直接：

" The hitch in this was, of course, that one had to cram all this stuff into one's mind for the examination, whether one like it or not, he said. This coercion had such a deterring effect that, after I had passed the final examination, I found the consideration of any scientific problems distasteful to me for an entire year."[1]

考试的问题在于，不管人们愿不愿意，为了通过它，都必须把这些没多大用的知识一股脑地全"塞进"脑子里。这样强制地干预学习进度的结果，是对学习产生了逆反的心理。以至于在我考试之后也许一年里，都对任何的科学问题再提不起兴趣了。

当然，我们知道爱因斯坦的观点是偏激和偏狭的。考试制度一直以来都起到了为国家选拔培养人才的作用，有积极作用。但当我读到这些历史人物的案例，了解他们心理的同时，也终于解了自己多年来心头的"谜题"。原来我并不特别，和其他人比，也不差。我年少时与千千万万和我同龄的孩子一样，每个孩子的成长和学习方式都有自己的特点，仅此而已。

大脑一直都在不同程度上给孩子带来痛苦。比如，总是记住不开心

---

[1] Walter Issacson：*Einstein：His Life And Universe,* Simon & Schuster 2007, P49.

的记忆，又无法忘记。丹尼尔·T. 威林厄姆博士（Daniel T. Willingham）告诉我们，人类的大脑有记忆的功能，但没有主动忘记的功能。这和我们传统意义上对大脑的粗浅理解极为不同。父母、老师对人的大脑不够理解，由此对孩子的学习总会提出一些不切实际的过度要求，这也更进一步给孩子带来了痛苦。

在"人和"篇中，希望通过了解能达成和解，达成父母、教师及孩子之间的三方"和解"。

遇到的老师，一定要万般尊重，视之为贵人伯乐。而孩子和父母之间也需要"和解"。孩子要更了解父母的不足之处，即他们在家庭教育培养方面一直以来的"不尽如人意"。父母这个岗位本身并不伟大，后文对此会详细论述。

从降生开始，孩子就非常细致且专注地了解着父母，虽然孩子还不会说话，却已经能够通过哭闹和动作让父母围着他（她）团团转，并满足喂奶、换尿布、翻身、哄睡等一系列的诉求。而父母对孩子的了解，实在太少。甚至有太多父母，在不了解孩子的情况下，对孩子强行要求，毫无限度。也许对于很多人来说，成为父母并培养优秀的孩子，是他们一生中唯一一次对社会和国家乃至这个美丽的星球做出最大贡献的机会。

除了尊师、孝敬父母、家庭和谐美满，孩子还特别需要走出家门，广交良友，与世界交往，学习大的学问，成就大的事业。

前面说了案例的重要，以及如何从心理学的角度审视一个人的过往，并从中取对培养孩子有用的真经。我会分享一些自己的经历，希望会对一些家庭有启发作用。下面是我的亲子阅读研发项目组成员整理的，关于我的儿时到接近青年时代的一些故事。

与物理的缘聚缘散

不一样的家庭

窦骁于 1983 年出生在一个普通的家庭。父亲是一名铁路工人，母亲在粮店工作。父母住的房子，是爷爷单位分的一个平房，面积不足 30 平方米。爷爷是整个家族里面最显赫的一代。在抗战时期是一名军医，是当时被中国共产党党组织专门挑选出来学西医的。战争期间，爷爷获得了很多战功，深得领导赏识。奶奶不是窦骁的亲奶奶，是战争期间党组织安排给爷爷的一任妻子。

在出生后一个月零两天时，窦骁就被父母送到了爷爷奶奶的身边。自幼长期不在父母身边，由爷爷奶奶将他抚养长大。他的父亲读书时也属于学习很好的孩子。虽然窦骁和父亲之间的感情不深，但是父亲对他的影响很大。窦骁记忆中的父亲永远都是穿着跨栏背心，外面套一件蓝色的工作服，人看起来健硕轻快。头发永远梳得整整齐齐的，极少见过他留胡子的样子。

窦骁的母亲属于脾气非常火暴的人，童年和母亲相处时，基本上每一次都会被母亲骂哭。唯一一次体验到母亲情感温柔的记忆，是在父母亲离异之前，在晚上暖暖的灯光下，母亲给他折纸青蛙。

窦骁的父母在 1990 年，也就是他上初一的时候离异。他们都是非常优秀的人，父亲为人正直、工作努力，曾屡获天津市市级劳动模范。母亲也上过高中，后来下海经商，生意做得不错。窦骁后来总结父母分开，是因为其父亲交友不善，被单位里的同事拉去打麻将。当时那个年代的人精神匮乏，娱乐选择不多，窦骁的父母并不怎么读书，其父亲曾经自主学习吉他弹奏，母亲帮父亲抄写乐谱。但当生活中突然出现麻将时，父亲一下子沦陷。他经常熬夜打麻将，且持续饮酒，母亲对此极为不满，两人都年轻气盛，生活琐碎一下子熔断了岌岌可危的关系。

窦羿童年里美好的回忆很少。有一次是去姥姥家玩，因和表弟发生争执，表弟大哭起来。这时大姨的女儿站在他这边，说他做得对，安慰他，并给他拿了些好吃的零食。这是窦羿对妈妈原生家庭的最初记忆。

父母离异后，他再去姥姥家时，人情世故已经发生180度的扭转。因为在法律上窦羿被判给父亲抚养，妈妈属于姥姥那边，关系上无形间画了一条分隔线。虽然离异后，妈妈下海经商富裕起来，但是窦羿的生活并没有因此而变得更好。

窦羿在姥姥家会有一种要被迫去攀附他们的感觉。吃饭的时候，他永远要随时准备着为大家服务，帮忙拿筷子、拿个碗、拿把勺、拿瓶醋什么的，并且妈妈在窦羿的面前，默许这些事的发生。也就是说和妈妈在一起，他没有得到任何的心理方面的保护，自己还需要努力去融进这个他自己并不怎么想要融进的家庭里面。

那个时候窦羿无法合理处理如此复杂的家庭关系。甚至后面还有越来越过分的语言出现，比如，母亲系内的表亲，会当着窦羿的面说：你是郭云丽的儿子，但是你妈和你爸已经离婚了，原则上你不是这个家里的人，你想进这个家，就要努力好好表现。窦羿说当时他不知道何去何从，只能硬着头皮面对完全有悖他人生观和价值观的诸多关系事件。比如，母亲系的一个远房表弟，性格外向，很早就出入社会，抽烟饮酒。因其粤语歌曲唱得很好，并能够当街卖服装，成为亲戚眼中好孩子的榜样。而窦羿虽然爱学习，但是不善交际，在亲戚看来是没有出息的，认为窦羿性格迂腐，书呆子一个。为了迎合他们，窦羿大概努力了一年，后来发现自己真的学不来，就放弃了这种荒诞的"攀附"。

被奶奶圈养的孩子

窦羿出生时，奶奶已经60多岁了。因为考虑到养老送终的问题，奶奶更喜欢窦羿的爸爸，所以在其堂哥和他之间，奶奶选择了照顾他，而不是比他早一年出生的堂哥。由于长期不在父母身边，奶奶也正有意让他和父母尽可能地疏远，所以小时候他和父母之间有一种非常清晰的疏离感。

有一次父亲生病想见他，当母亲把他接过去时，因思念奶奶爷爷，他一到家就开始哭，父母对他来说太过陌生。父亲生气也伤心，但心疼儿子，于是连夜把他送回到爷爷、奶奶身边。即便在从小就很依赖的爷爷、奶奶家，也并没有多么温馨。在这个家里，爷爷看不惯奶奶过于世俗的言行，奶奶也看不惯爷爷总是一派刚正不阿。两人各自藏私房钱，各有心思。因此，即便爷爷的退休金不少，但他们一直过着极为俭朴的生活。比如，炖一次带鱼要断断续续至少吃上一周。吃完一顿，剩下的放进冰箱冷冻起来下次吃。所以，在窦骁印象里的带鱼，不是从锅里盛出来热气腾腾的，而是从冰箱里拿到蒸锅里蒸熟，盘子里总是汪着快溢出来的汁水的。小学六年，大多吃的是蛋炒饭。直到窦骁学会做饭，吃饭方面也因为财政一直没有改善，直到高中毕业上大学。

窦骁和爷爷、奶奶一直居住在一个30平方米的楼房，家里有一台彩电。因为使用频率极高，更换过两台电视机。电视机经常播放一些琼瑶的电视剧，像《水云间》《鬼丈夫》，在窦骁很小的时候，就陪伴奶奶一起看。有电视的陪伴，窦骁的童年看似特别自足，但事实上是非常空虚和孤单的，包括素材上和情感上的。素材有限到什么程度呢？就是他会积攒几百个杏核，因为手边什么玩具都没有。窦骁记得当时身边真的没有任何一个可以和他一起聊天的人，除了奶奶。奶奶会整天和他说："这个世界上奶奶是最疼你的人，未来你要照顾奶奶。"因为情感已经被限制，自我意识非常匮乏，对世界的全部认知，就是这30平方米的房间和那台永不停歇的电视机。他无法看到更大的世界，甚至没有这方面的意识和诉求。

随着长大，窦骁萌生了想看世界的想法，他不想被一个人用这么强烈的情感束缚着，不希望爱是这样讲条件的，不希望奶奶不停地跟他诉说："奶奶照顾你有多么辛苦，你可一定要感恩。""奶奶就知道你最孝顺，所以要你不要你哥哥。你以后，肯定不会丢下奶奶，会照顾奶奶，给奶奶养老送终。"

上学读书，对窦羿来说是真正有机会从家庭走出来。他非常喜欢老师，舍不得放学。但是他又自我矛盾，因为他所有的情感都寄放在家里，外面的一切对他来说都是陌生的。只有在爷爷、奶奶身边才能感受到温暖。所以他一方面不希望听到下课铃响，又因为如果不下课，他就见不到心爱的爷爷、奶奶了。有这样的心理束缚，即便是在学校，窦羿也不能顺利地和其他孩子交往，因为他完全不懂得如何结交朋友。

奶奶也会有意地帮他拒绝一切外部社交。印象最深刻的是有一次，二十多个小朋友在楼下喊他的名字让他下去玩。带头的孩子是窦羿小学里最要好的朋友，因马上要转学，特意来找他告别。但奶奶在楼上对他们说不出去。这是窦羿和他最要好的朋友见的最后一面，从二楼的窗户看下面的好朋友和他的妈妈，以及身旁二十几个面熟但从没有机会一起玩过的孩子失望地走远，窦羿感受到奶奶"权力"的强大。

奶奶很早就离休在家，在家期间，她很少和邻居来往，属于心思颇重的一类人。她不愿意打开自己去和任何人有过多交往，也不屑和他们来往。所以窦羿说他对人际交往极其陌生，不擅于人际方面的交往，这种情况一直持续到大学。其实，他一直都是非常渴望交到好朋友，敞开心扉，谈天说地。哪怕只有一次，也好。

因为奶奶的强势和霸道的管束，窦羿在很小时就形成了类似讨好型的人格。就是他一定要努力做一个好孩子，让奶奶开心。他人情世故的启蒙主要来自奶奶思想上的灌输，但水平上，受限于奶奶的思想高度。

窦羿回忆，尽管其情感受到强烈束缚，但他的价值观因为爷爷的影响，还是找到了突破口。有一天，他发现能完全看懂影视剧的情节了。他在《地雷战》和《地道战》里找到了一些特别符合他心意的好的榜样和价值观。剧里面的人物都是非常正直的，并没有拿腔拿调、故弄玄虚。

就在那时，他开始慢慢地不认同奶奶的诸多观点，认为人与人之间的沟通不应拐弯抹角，而应直奔主题。他会觉得奶奶说话不够真实真诚，甚至显得做作。

当他发现身边最爱的家人都是自私的，是在利用他时，他也完全没有一丝一毫的恨意。爱还在，只是感觉特别辛苦。他开始对父母没有从小陪伴他而感到悲伤，并开始对父母产生思念。幻想如果父母在身边，他的人生会是怎样的。以及，开始思考如何成为杰出的人才，并努力与有不良思想和不道德品行的亲戚划清界限。努力做好自己，使自己的目标越来越清晰。

童年伙伴

上小学时，窦羿的成绩非常好。班上有一个年级最能打架的同学，也许是认为窦羿比较优秀，或者与众不同，而非常照顾他。自习课上，看到阳光照到窦羿的桌上，很刺眼，他就马上站起来把窗帘拉密实一些。对于这样的友谊，窦羿感到一股暖流袭遍全身。当有同学主动拉他一起玩儿时，他会脸热心跳，但还是不知道如何回应，如何和同学朋友交谈。他体验到了小伙伴之间的情谊，内心因友谊而带来的温暖，还是被奶奶限制了。奶奶不希望窦羿和他们有过多的接触，被限制的原因，并不是在帮窦羿筛选更为合宜的朋友，而是限制他的情感被打开。一旦被打开，她担心未来窦羿会跑掉，进而没人照顾她的晚年。初一的时候，窦羿的学习成绩出现了一次下滑。当时一个叫马成的男孩转学插班到窦羿所在的班级，他的体育非常好，跑百米的速度特别快，所以一下子就吸引了大家的注意。同时马成的数学特别好，人也自信。他很喜欢和窦羿在一起玩儿。马成觉得自己和窦羿有些地方很像，但他没说清楚，窦羿也不懂得怎么再追问。

有一天中午，马成觉得功课写得差不多了，就出去玩。窦羿也一起出去，结果被语文老师堵在操场上，招呼他俩："你们过来。"然后他俩并排站到语文老师面前，老师直接批判窦羿："人家马成学习好能玩，你能玩吗？"然后给了窦羿一巴掌，那是他人生中唯一一次被打脸。但很奇怪，窦羿并没有觉得特别伤心，他能感受到因为不公平而受到侮辱，但那只是一次记忆，并没有影响他，他照常吃饭、睡觉、学习，一切如常。同时，尽量在其他同学玩的时候自己不玩，并试图感受语文老师说的与学习好的同学相比"自己不配"，把握自知之明的尺度，尽力保持向好，努力做好学生。

窦羿回忆他喜欢马成的原因，是马成有点儿像小学时出现在他班上的一个"怪物"。那个男同学个头高大，是在三年级转学过来的。他一进来就在学习上超过了窦羿，而且那种"超过"完全不需要介意。因为那个男生的数学好和窦羿的数学好，完全不是同一个层级的。也是因为他，窦羿突然意识到，原来每天的数学课上，老师没讲的那部分，才是数学。而课堂上讲的，和考试中考的，根本不是数学。所以，窦羿和那个男孩很快就在数学上产生了共鸣。

"怪物"男孩儿有很多有意思的玩乐办法。比如，在纸上用铅笔画出很多战舰，然后，让战舰打战舰。怎么打呢？就是从一艘战舰连一条条的线段到另一艘战舰，每条线都相当于一炮打了过去。后来有一天，这个人被叫出去，之后就再也没有回来，就这样消失了。后来传言，他被转到一个特殊的学校去了（经查阅资料进行分析，当时的超常班也是在三四年级进行筛选的，这是比较接近实际的一种可能）。很久以后，这个"怪物"同学又回过学校一次。因为他得了奖，得到了很多老师甚至是校长的夸赞，欢迎他回来。"怪物"同学还找了几个以前玩得来的同学一起出来聊天，其中也包括窦羿。那次见面，除了"怪物"同学对一个赶来的女生说"我没叫你来呀"，然后那个女生哭着跑走了以外，窦羿完全不记得其他任何的对话或者细节。记忆里留下的感觉，是"怪物"同学的数学能力和他的"残忍"。

到了初二，窦羿的物理非常好，然后又带动了其他各科成绩在短时间内快速提升。他的各科成绩，非常快地超越了马成。后来他俩遇到过一次反转事件，他们同时犯了一个错误，那位语文老师对马成严厉地说："你能跟人家窦羿比吗？人家现在学习这么好，早就完全超越你了。"并对马成进行了极为严厉的批评，而对窦羿摆摆手，让他回到班里。之后的日子里，他和马成的关系越来越不好，直至破裂。

无法满足任何人期待的少年

窦羿说他一直都有一个问题，就是没办法满足任何人的期待。如果说明天考试，他还没有准备好，让他临阵磨枪，那他不可能做到。他一定会放飞自己，完全放弃考试这件事。他把自己定义成一个心态最不好的应试教育学习者。他的学习方式是一定要自己找准节奏，要让自己对一件事情完全地掌握。这对他的学习来说至关重要。为什么他的物理一直都能考相当好的成绩呢？因为他通过自主学习，已经非常超前，在高一，已经把高二、高三的所有物理课业都学完了，并开始着手尝试学习大学的物理知识。日常考试不需要复习，卷子拿来随便做，从高一考到高三都没有问题，都可以拿到很高的分数。

没有办法承载任何期待，是窦羿在很长一段时间里起不来的一个非常重要的原因。小学时窦羿没有任何的学习愿景，只是沉浸在其中，就像在游乐场的感觉，太欢快了。成绩很好，随便就考到班里的第一名、第二名。初中进入一所非常好的学校，叫天津铁路第一中学（扶轮中学）。进入初中很多事情发生变化了。窦羿的小学和中学之间有一个接轨，所以中学的老师会知道他，知道他的成绩很好，对他抱有期待。但是这种期待，那个时候的窦羿完全担当不了。窦羿给我们分享了这样一个故事：初一的班主任是一位赵姓的英语老师，有一次赵老师课上把他叫起来说："我知道你数学特别好，你给我讲一下这道题。"然后迅速把题写在黑板上。这题是超纲题，窦羿不会，但他知道这是"怪物"男孩会的那种数学题。看他站在那里半天没说话，老师追问他："这题难道你不会做吗？我知道你数学特别好，没事，你要好好加油努力，先坐下吧。"当时窦羿能感受到老师的期待，也同时感受到了老师的失望。自己对自己的失望，一并把"失望"的程度加剧，不断否定自己。这件事情对他初中学习的起步影响很大。

自我妨碍

有时人们通过设置障碍物来阻挠自己获得成功。这种行为绝不是一种故意破坏自我的行为，而恰恰是为了达到自我保护的目的。(Arkin&others，1986；Baumeister&Scher，1988；Rhodewalt，1987)"我并没有真的失败——要不是因为这个我肯定能干好。"①

由此，在初一的成绩方面，窦羿表现非常一般，进入初二，成绩愈加不好。有一次数学就考了 9 分。爷爷被语文班主任叫到学校，放学回家的路上，爷爷和窦羿说："好孙子，你考 0 分，爷爷都不会怪你，你学习上不要着急。"其实，当时窦羿的生活、学习状态非常不好，处于木然的状态，对于外界都是蒙着一层纸去看的。他越来越感觉到自己的不好和不足，但是，外面的东西进不来，他的内心也表达不出去。甚至这层纸，还有继续变厚的趋势。他开始不想看这个世界了。

爷爷的鼓励给了他一段很好的缓冲时间。从心理上，他能从成绩差的打击中逐渐恢复。因为成绩不好，他能明显感受班主任语文老师对他的不喜欢。有一次做操的时候，语文老师走到窦羿身边，仔细看着他穿的旅游鞋（老人鞋），然后在他旁边轻轻吐了一口口水，走过去了。窦羿说这是真实发生的，那种对他轻视的眼光和态度，他至今记忆犹新。班里很多同学都穿着好看的鞋子，只有他一个人，穿这种只有老年人才会买、才会穿的旅游鞋。语文老师曾严厉地对窦羿说："你今天回家跟你爷爷说，不要再拿你父母离婚的事在我面前说了。这和你的学习一点

① [美] 戴维·迈尔斯：《社会心理学》（第 8 版），人民邮电出版社 2006 年版。

关系都没有。你的家庭我不管，我就管你的学习，你现在的学习这么差，你考得不好，下次让你父母来参加家长会，别让你爷爷来了。"

与物理的缘聚缘散

窦羿说有一位老师对他的人生走向有非常大的影响，就是他初二遇到的物理课的张老师。张老师的物理课极难，整个年级学物理都很费劲。但是窦羿觉得物理这门课太好玩了。包括物理公式、牛顿力学这些东西一点点地把他的脑子点亮了。

他做物理题，不需要打草稿，直接在脑子里形成算术步骤。能够在头脑里绘制出立体图形，物体沿斜面下滑的动作和施力受力，都能在头脑中勾画出来。

窦羿说张老师教整个年级的物理，张老师的铁脸只对他一个人笑过。当时他的物理成绩基本上都是满分。有几次张老师在班里和大家说："你们知道吗？咱们区的物理成绩出来了，最高分还是在咱们这个班。"但是他不提名字，同学们面面相觑，也都知道是谁，惊呼的同时，窦羿能感受到自己身上的力量。从那时开始，窦羿其他学科的成绩也迅速在短时间里，全面地提上来了。语文老师再见到他的时候，会说："成绩不错了，好孩子过来我给你整整衣服。"然后帮他系扣子什么的。他竟然也不讨厌语文老师了。被她打耳光的事虽然一直记在心里，但他通过努力学习，终于赢得了老师的认可。

初中毕业后，窦羿的中考成绩，擦着录取分数线，进入一所更好的市重点高中。但因与那所学校的其他学生相比，他的成绩倒数，所以进入那所学校后，被分到年级排名倒数第二的班，最后一个班，整班都是交赞助费进来的学生。这让窦羿的自信心受到了打击。印象最深的是刚开学的摸底考试，物理考试他大概用了十几分钟就把试卷做完了，但是不能交，半小时后才被允许提前交卷。交卷出来时，整个校园只有他一个人在走。这时过来一位男老师，他使了把力扶着他的肩膀说："怎么这么快交卷了，那么快就写完了？行啊！说明学习不错，好好上学哈！"成绩出来，窦骁考了92分，比平均分多了40多分，这时候所有人都知道，这届新生里有一个物理很好的学生。

到了高一下半学期，换了一个戴眼镜的姓赵的物理老师，窦骁一直都很后悔，把这位物理老师得罪了。自那次有点儿轰动的物理考试之后，窦骁上物理课时，物理老师默认他是学霸，上课干什么都行。那会儿他会在高一物理课上，看一些大学的物理书。新物理老师的到来打破了这种和谐。他一来就把窦骁拎出来说："你上课怎么不好好听课呢？物理书怎么都没有？"那时的窦骁还是不善于基本的社交沟通，而且在自己最自信的领域被质疑，心里萌生出一种很草率的年少轻狂，立在原地一言不发。物理老师接着催促："你给我做做黑板上这道题。"那种物理题对窦骁来说，是极其简单的，但是窦骁却违心说不会。班里顿时引发了哄堂大笑，而老师只是认为这种哄堂大笑针对的是眼前这个差生的丑态，仅此而已。然后她接着再问了一个更简单的问题，窦骁自然也说不会。见班里已经笑得有些过分了，老师让他赶紧坐下。

这件事本来应该就此了结，但是窦骁却一直困在负面情绪里出不来。之后的自习课上，他又跟当值的一个值勤生发生了一些言语冲突。值勤生质问窦骁："你怎么还说话？"窦骁说："我题都做完了，我都会，你都不会。再说我也没说话，是我边上其他人在说，你为什么只管我呀？"结果值勤的学生当场哭了。当时的班长叫丁伟，历史学得非常好。丁伟自称气不过，带着窦骁直接到办公室找班主任去帮窦骁评理，向老师报告说了刚才发生的冲突，窦骁根本没做错，是值勤生太过分。这时旁边的物理老师插进来说："我不知道他怎么了，但是物理课他得认真听呀。"丁伟马上回答说："赵老师，您不知道，他是我们年级物理最牛的，每次都考第一。"物理老师立刻回过头去，一句话也没再说。

窦骁说从那次的事件以后，他觉得物理老师就以各种方式刁难他。当然，现在分析，这里也一定有他自己的心理原因，可能老师并没有那样的主观想法，只是他自己的臆想。后来物理奥赛开始报名了，窦羿想报名，物理老师说："没你的事，我要找好的学生，不找你。"就这么直白地拒绝了。当时窦羿也不懂得如何进一步争取，因为他相当于没有家长，他和学校的沟通全靠他自己一个人。还有一次自习课，窦羿拿了一道已经钻研了一段时间的大学物理题，鼓起勇气找赵老师真诚地请教，希望能和老师分享他的思考，请老师帮忙指教。没等他说完，老师就说："你这全都是胡说乱想，你完全不懂得物理，你就好好学习现在的知识吧。"

　　那道题窦羿留到大学，找到物理专业大三正准备考研的学长去问，那人说："你这想法真的挺厉害的。"窦羿回忆说如果在那个时候，他能遇到一位好老师，或者家庭里有人能支持他，他现在应该是在认真研究物理学了。从初中到高二，他所有的闲暇时间精力几乎都放在物理上，做梦都是物理。物理成了他生活中最重要的东西，也成了他心里边最了不得的骄傲。有时他也想和母亲说说自己的物理有多好，以及物理有多么深奥，虽然他懂得还非常少，非常肤浅，但他觉得自己有可能像曾经那个"怪物"男孩懂得真正的数学一样，有机会能够懂得真正的物理。仅有的几次想与母亲交流，但想来母亲也不懂得物理，也不会关心，就放弃了。

　　接二连三的打击后，窦羿对自己说：不管别人的态度，我好好考一次试吧，证明一次我自己。结果他又考了 92 分。当时的年级平均分不到 39 分，第二名，那个有机会参加物理奥赛的物理课代表才 69 分。其实距离上次的 92 分，他已经被狠狠打击了一段时间。听到成绩时，窦羿告诉自己：我成功了。也更因为那个第二名，是当时被老师选上去考奥赛的，超越他，特别开心。窦羿一个人跑出教室，跑到楼下，环着整个学校跑了两圈，一边跑一边不停地轻声喊着："我考了 92 分！我考了 92 分！我考了 92 分！"窦羿以为这次之后，他还能像往常一样，以学霸的姿态在物理自习课上看看自己喜爱的大学物理书，但却被路过的班主任从后门把他拎了出去，批评说："你把那个书收起来，做你该做的事。"还问："你考试没有抄袭吗？"窦羿破天荒地回了一句："大家都比我低那么多分，我抄谁的呢？”

　　物理老师看他考了一个好分数，说挺好的，后边看能不能让他当个课代表。老师让他把这次的试卷拿到教务处，但是没有告诉他教务处在哪儿。对很多学生而言，这是常识。但窦羿确实不知道，他鬼使神差地把试卷搞丢了，他自己也不知道他把试卷送到了什么地方。后面这试卷倒是找回来了，但是老师不再看他考92分的事，而是抓住这次弄丢试卷的事情，和其他老师谈论和挖苦说：“这个学生能干吗呢？送个试卷都能给送丢了。”这件事情之后，窦羿对物理的热情被彻底浇灭了，完全没感觉了。以至于到了高三，他自己会陷入一种怀疑：我的物理可能真的没有考69分的那个物理课代表好，只是我自己认为自己物理很好而已。不过，他的物理考试成绩依然不错，但已经和物理这门科学，永远地说再见了。

　　　　　　　　昀爸®亲子阅读研发项目组结合窦羿老师口述整理

　　　　　　　　　　　　　　　　　　　　2022 年 11 月 22 日

最实用的育儿技术：
增加和孩子的接触面和接触时间

经过这么多年的研究，我的切身感受是：最实用的育儿技术，其实是增加和孩子的接触面和接触时间。

技术核心很简单：陪孩子在一起玩他们喜欢的，这样就不会有抵触情绪，孩子会打开，甚至完全打开。这样的时间越长，孩子和父母之间的智力能力差距越小，孩子的提升越快。

如果孩子不接受你，花再多时间陪孩子也是浪费时间，迎来的只能是相互争吵和抵抗，不断僵化的亲子关系，以及孩子对这个世界的抗拒。

根据热力学定律，在自然条件下，热量一定是自动地从高温物体传向低温物体，但需要接触面和时间。

巴菲特和普通股民的差距，和父母与 2 岁孩子之间的差距差不多。

带孩子就是"熬时间"。如果自己跟自己较劲，那就沦为"煎熬"。

作者一家周末亲子共读时光

当有一天，我能用中英文敞开来和我的孩子昫昫讨论《三体》，聊《万神殿》里提及的 UI（Uploaded Intelligence）技术了，从那时开始，和孩子在一起的时光，就不再是熬了。那太爽了！

但那之前就是要"熬"很久，熬很多很多小时。但要"熬"得正确。要面对内心，"烦"每个人都有。带个孩子，也没有什么伟大的，提"伟大"二字，那太假了。

把父母对孩子的爱说成是"伟大"，其实两头都凑不上。对于努力着的父母，其实不公平。她们就不能发发脾气吗？就不能也像孩子一样，释放一下自己的情绪和压力吗？好像在无数"伟大"的父母面前，平凡着的父母就都需要写检讨书。

另一头，是那些特别不负责任的父母，会以"伟大"为借口：老子把你带到这个世界上，容易吗？你得给老子好好听话，让你干什么就干什么，像样儿地让老子满意了，才能在这个家待下去。

谈及父母对孩子之爱时谈"伟大"，很容易，但这会让孩子和父母都受窘。生活，应该实实在在。

巴菲特也是，他很实在。他想，为什么要让他和比自己傻那么多的人聊天？他讲的道理对方也听不懂，也做不到。所以，他收费。

我最艰难的时候，希望找一位很有智慧的老板，希望向他述说我的粗浅，希望得到他智慧的点拨。但更多时候，遇到的都是"大讲道理"的不凡之士，说起来一套一套的，我既听不懂，也完全做不到。

倒是后来，遇到了一些学识、品行俱佳的人，其实大家在一起也没谈什么，就是很舒服地坐一坐，我看看他们处理事情的思路，慢慢提升了自己。

如果不是一顿豪华的午餐，而是和巴菲特相处一段时间——当然，如果天资奇差，不论怎样也不行。大体上，相处越久，被提升智力的可能就越大。

孩子也是的。我从不给孩子讲任何道理，也不显示自己比他更有智慧。不然，又能怎样？讲道理他也听不懂，听懂了也未必做得到。我讲的道理，也未必是对的，更未必有用，于孩子也未必需要。

从孩子出生，我就开始熬，陪他玩纸巾都能玩两小时。后来我自己都玩进去了。玩他的小车车、玩积木、玩小人、娃娃。越是这样玩儿，孩子越是缠住我，总要我陪着他，"Daddy, hug"成了我头上的"紧箍咒"，腰感觉快断了，但一句"Daddy, hug"，不顾一切也要把孩子抱上。

如此这样几年如溪流潺潺，生活脆亮。我越来越感受到和孩子的差距在迅速地缩小。他越来越成熟。当然，他还是玩着他的玩具，我也还是陪他玩他的玩具。

但，他也开始玩起了我的"玩具"，比如，《三体》《苏菲的世界》《万神殿》、可汗学院、π。

我反而更希望，他能一直玩着他的玩具，孩子玩玩具的时候，那太可爱了。

学业成于师者

华罗庚受师长们的倾力托举

在这个案例中，华罗庚并不是少小就有意识亲近师者的好榜样，但"为数学而生的大师"的的确确有命理加持和护佑，让他一路遇到很多"相中"他的师者。以下论述，其实都是在强调师者对于孩子学业的重要，不可或缺，举足轻重。也提醒父母，要时时刻刻保持头脑清醒，师者永远都是孩子学业路上的贵人，切不可冒犯、轻视、妄言、不恭。师者，对父母而言，应为最尊贵。

华罗庚，家境贫寒，父亲华瑞栋年轻时倾力开办的丝绸店因一场大火，付之一炬。华瑞栋自此失了人生锐气，但为了妻子儿女，还是得过下去。他从废墟中捡拾了一点能用的家当，在金坛城的清河桥下开了一家杂货店。华瑞栋因其亲和温良，被乡邻亲切地叫成"华老祥"。华罗庚幼年贪玩，成绩不好，没有取得小学毕业证，只拿到一张修业证，但仍顺利进入金坛县立中学。班上8人，到他三年后毕业，仅剩6人。

华罗庚贪玩，字写得潦草，很不受国文老师的喜欢。初一被老师训斥了一整个学年。从初二开始，华罗庚认真学习了，数学成绩提升明显，这时候，他遇到了第一位伯乐老师李月波。每次数学考试题目相对简单时，李月波老师都会悄悄告诉华罗庚："今天的题目太简单了，你上街去玩吧。"

在那个心智意志旺盛成长的年纪，李月波这样的老师无疑给了华罗庚莫大的鼓励和信心。华罗庚后来回忆道：月波老师，是他引导和培养了我对数学的兴趣，是他为我在初中三年打好了数学基础，使我以后得以自主学习数学，并成为我一生为之追求和奋斗的目标。

"过分"聪明，但还不够智慧的华罗庚，在面对学问有限的师者时，表现得就不尽如人意了。这是我们父母一定要注意提醒孩子不可冒犯的禁地：华罗庚上初中期间，不仅在数学上进步很快，国文能力也很出众。《周公诛管蔡》讲周武王去世，成王年幼，由周公摄政。管叔、蔡叔不服，与武庚发动叛乱，最终以被周公平灭告终，管、蔡被诛。按当时的教学观点，是以此文歌颂周公诛灭管、蔡，平定叛乱为主旋律。但是，华罗庚"过分"聪明，他讲出了别样观点，说可能是周公自己想造反，管、蔡识破了他的谋反企图，所以周公才杀人灭口；而周公已然用维护周王室的名义，诛杀了管、蔡，就不需要再行谋反之策。自然，这样的言论，受到了国文老师的严厉斥责："周公圣人也，岂可妄议！"

如果到此打住还好，但华罗庚不晓得个中利害，也没有父母告诫，又继续捅娄子。这位国文老师崇拜胡适，布置了作业，让学生品赏胡适大作。其中一篇《尝试集》：

尝试成功自古无，

放翁此语未必是。

我今为下一转语：

自古成功在尝试。

　　华罗庚认为，胡适诗中提到的陆放翁"尝试成功自古无"，是说只尝试一次就成功的事情自古以来都没有，这句话是符合实际的。而胡适是误解了陆放翁的原意。胡适所言，成功来自多次的尝试，也是对的。但胡适所说和陆放翁的原意并无矛盾，也无关联。悟到这里，本应是件好事情。既然都了解国文老师的脾气，就应该默默放在心里就好了。但华罗庚糊涂，在交给老师的作业纸上，大胆写下：胡适序诗逻辑混乱，狗屁不通，不堪卒读！可想而知国文老师当时是怎样的震怒。从此之后，就把华罗庚列入差等生列，再不予理睬。

　　华罗庚在孩童时期，我们可以猜测他是超常儿童。很多超常儿童，因为智力能力超常，而又无处释放，于是在学校里，行为表现得古怪，时常"聪明"被误解为顽劣。更有很多智力超常的儿童被学校老师视为差生，被父母视为坏孩子。这也是进行超常儿童研究的学者应该关注的一点，就是要让这些宝贵的种子被发现，被充分地开发。

　　华罗庚上初中时，还都在穿长袍、马褂。学校早操要求不能穿长袍。华罗庚偏要耍聪明，长袍之外套一件马褂。当所有学生都认为华罗庚会因违反校规而在早操时被拉出队伍训教之时，华罗庚却不慌不忙地把长袍的下襟塞到外面的马褂里，这样长袍就变成短袍，完全符合校规了。等早操一结束，华罗庚马褂一抖，长袍又长出来。这等耍聪明，其实完全大可不必，也很危险，万一遇不到一位贵人师者，那前路将困难重重。

　　无论如何聪明，都万不要挑战大多数人的水平，不要把聪明外显得乖张，不要因聪明而格格不入，更不要不尊任何一位师者。藏拙露怯，才能学业有长。路不一定是自己的脚能踩出来的，需要有人让，更不能有阻挡，有难为，有路障。

　　华罗庚实在是天之骄子，他的命理太好了。用袍子戏耍校规这样的犯傻行为，能不被校长看在眼里，记在心上？当时金坛中学的第一任校长韩大受，有识人之才，求贤若渴，王维克、李月波也都是他聘请而来的。为了办学，韩大受卖掉了他所有的田产，生活上淡泊勤俭，冬天棉衣都不舍得穿，深受学生和乡里群众的爱戴。这样的校长，怎可求多得呢？在华罗庚申请入校学习时，韩大受知他家境贫寒，免去了华罗庚的学费，让他有机会接受教育。韩大受也经常找华罗庚谈心，鼓励他好好珍惜来之不易的学习机会，未来望他有所建树。华罗庚从金坛中学毕业后的几十年，都一直和韩大受老校长保持着书信往来，这成为华罗庚人生事业的一个有力的精神支点。

被韩大受聘请来金坛中学教授数学的王维克，应该算是华罗庚数学人生的第二位伯乐。他力排众议，对学校中其他老师针对华罗庚的非议不为所动。特别对于国文老师批评华罗庚写字难看这点，王维克说："我们做老师的，只要用心去启发我们的学生，引导他们去做他们喜欢的，尽力鼓励他们去做，并行之锲而不舍，十年、二十年、三十年，哪有不成为名家之理呢？而一个人写字好坏，又怎能和其日后的成就相提并论？"

王维克在生活上给予华罗庚很多帮助，更重要的是在数学学习上的支持。华罗庚很爱上王老师家，每次王维克的夫人都热情款待、悉心呵护。王维克不断指导华罗庚选书的精要：知识是无边无际的，如大海一样。如果想要样样精深，精力是不允许的。最好是先集中钻研一种。做学问，最怕朝三暮四，见异思迁。那样的话，则难有作为。

后来华罗庚的数学能力远超过初中数学的范围，王维克就告诉华罗庚，这个考试你不必考了，不值得你浪费时间，我再给你拟个论文题目，你回家去做。王维克进一步发现华罗庚的数学天才，是一次他借给华罗庚一部美国数学专著，不到 10 天就被还了回来。起初王维克有些生气，说这学生太浮躁，不能细致钻研，但连着问了几个问题，华罗庚都能对答如流，这让王维克大为震惊。

天才容易自负，庆幸这次，华罗庚的身边有了王维克这样的老师。

　　有一次，华罗庚兴致满满找到王维克老师，给他看自己的论文，是一个世界公认的未解决的数学难题。但王维克看到华罗庚的论文，太急躁轻飘，表面上说得过去的方法定理，实际经不起推敲。王维克语重心长，告诫华罗庚："数学门类诸多，你最好选择其中的一两种去攻克，掘九井而不得泉，何如掘一井。你野心不小。失败不怕，失败乃成功之母，如果你孜孜不倦地研究下去，将来一定可出人头地。但一定不要急于求成，不要灰心，要有坚韧不拔的毅力，用智慧和汗水铸造钥匙，有朝一日把这些锁打开。"

　　王维克老师的话语成了一股力量。我们都知道后来的华罗庚在学术研究上，一直都坚持着专心、谨慎的态度。王维克后来留学法国，与华罗庚在金坛中学师生只相交一年。

　　后来华罗庚初中毕业，因为家境贫寒，不得不放弃读高中，选择了中华职业学校学会计，后又因为家中拿不出学费而再次辍学。帮父亲经营小店的华罗庚继续沉浸在数学的天地中如醉如痴。后因身染瘟疫，而致左腿残疾。

　　在窘困的生活中，华罗庚绝不放弃数学，通过自主学习，于 1929 年 12 月在上海《科学》杂志第 14 卷第 14 期刊发了他的第一篇论文《Sturm 氏定理的研究》。华罗庚的名字被一些数学权威所关注，其中就有熊庆来。但如果不是唐培经向熊庆来的引荐，不是熊庆来在清华大学校委会上说："不聘华罗庚，我就走。"华罗庚仅有初中文凭，怎可能来到清华教书，并尽显才华？已经破格无数，但碍于学历，起初华罗庚在清华大学的图书馆做助理工作，月薪 40 元。这令华罗庚无比兴奋。迈入清华校园的华罗庚，彼时才 20 岁。1930 年的华罗庚，已然在他 20 岁之前经历了万般磨难。但由于对数学的热爱和坚韧求索，命运终于引领他走向通途。在清华，他尽可以自由阅读各种在家乡根本见识不到的专业书籍。这里，大师们的智慧也感召着他，为数学而生的华罗庚，终于经由多位名师伯乐的托举，走向辉煌。

在故事的终了，推荐家长们阅读《为数学而生的华罗庚》，由此了解数学大师的一生，看看读者能否产生更多的共鸣。

不合群的计算机之父：艾伦·麦席森·图灵

如果命运真实存在，那命运一定可以把握在自己的手中。周围都是好的，只有我不够好。这样思考，那生活立时变得有朝气、有方向、有盼头。因为，只要改变一些自己的做法行为，那就有转机，就能成大事。很多人看过计算机之父艾伦·麦席森·图灵（Alan Mathison Turing）的电影或者传记，可能会觉得他生不逢时，这个世界待他不公，至他42岁自杀，草草结束了本应更加伟大的人生。但作为父母，我们不应这样看待世事，要看到艾伦·图灵是如何不谙世事，他实在是不合群的典范。从他的生平中，看看我们父母能学到一些什么吧。

为了上公学（public school）学习拉丁文，艾伦·图灵字写得一塌糊涂，也遇到了同华罗庚在金坛中学初一时那样的窘境。但华罗庚运气太好了，能遇到李月波和王维克这样的伯乐。更有王维克的辩解：一个人字写得好坏，跟他以后的成就也不能相提并论啊！

相比之下，写字，对年少的艾伦·图灵打击更大。

孩子需要保护。华罗庚再穷，华老祥（华瑞栋）也没有离开儿子，远走他乡。

如果艾伦·图灵的父母不是为了那点税费，特别是他的父亲朱利叶斯（Julius）如果能放弃那份在印度微不足道的工作，不与艾伦·图灵分离，伟大，本来可以更伟大。世界遇见艾伦·图灵，艾伦·图灵却没有遇见这个世界。

1912年6月23日，艾伦·图灵出生在英国的帕丁顿。第二年的3月，艾伦·图灵全家去了意大利过冬。这是艾伦·图灵整个童年唯一和父亲在一起的时光。

随后，父母先后去了印度工作，艾伦·图灵和哥哥被留在英国一对军人夫妇家庭中。这个家庭实在是荒唐，男人沃德上校冷酷得如耶和华一样。女人沃德夫人，则认为要尽早把男孩抚养成真正的男人。她认为男孩就应该打架和玩玩具枪。但艾伦·图灵和哥哥约翰对此都不感兴趣。这让沃德夫妇非常失望。在给艾伦·图灵母亲的信中，沃德夫人甚是抱怨："John was a bookwarm."（约翰就是一介书呆子嘛。）"And Mrs Turing loyally wrote to John chiding him."（艾伦·图灵的母亲随后写信给约翰。）就因为约翰太爱读书，不受沃德夫妇的认可，而把他责备了一番。

沃德家也算有些好处，就是他们有很多孩子。而且在南尼·汤姆开办的幼儿园，艾伦·图灵兄弟遇到了更多孩子。在这些孩子之中，艾伦·图灵尽可以享受时光短暂的快乐。他起初是非常阳光开朗的，只是他特立独行，并不懂得合群。随着他的长大，这些问题愈加明显。在年少时，艾伦·图灵也像华罗庚一样，遇到了书写的问题，当然，他更加严重。不常伴身边的父母，看不到他们诞下的天才正在世间被现实摧残着，也就无法给艾伦·图灵提供一些必需的帮助。

上公学就要学习拉丁文。在艾伦·图灵的传记中，对他通过自主学习提升阅读能力有这样一段描述：

A whole decade of fighting with scratchy nibs and leaking fountain-pens was to begin, in which nothing he wrote was free from crossing-out, blots, and irregular script which veered from stilted to depraved.

艾伦·图灵对拉丁文实在没有半点儿兴趣，在书写上，他的手脑无法合作，他与写字、与笔的斗争，整整持续了10年。他写的东西，要么满是红叉，要么就是纸面脏兮兮的，一塌糊涂。

除了写字以外，艾伦·图灵无疑是具有天赋的孩子。他靠一本《快乐阅读》（*Reading without Tears*），仅用了 3 周时间就学会了阅读文字。而且用更短的时间，自主学习算术。1922 年，艾伦·图灵 10 岁时，阅读了一本《儿童必读的自然奇迹》（*Natural Wonders Every Child Should Know*），这让他一下子爱上了科学。

就是这样聪明的艾伦·图灵，却又是远近闻名的不合群的孩子，以至于 1921 年，当父母想送他去圣迈克尔学校（St Michael's）时，女校长泰勒（Miss Taylor）婉拒道：艾伦·图灵确实是很有天赋，但学校有学校的制度。最终，艾伦·图灵去了和哥哥约翰一样的学校海兹赫斯特（Hazelhurst）。艾伦·图灵不喜欢这里的学习，他有自己的世界。这期间，他更喜爱折纸和地图，在一次地理竞赛中取得了第六名。但与此同时，孤独感开始在这个天资超凡的孩子身上蔓延开来。

和父母一起度过了一个惬意的暑假之后，1921 年 9 月，当父母乘坐的车子从海兹赫斯特离开时，艾伦·图灵从学校里冲出来，挥舞着双臂，疯狂地追赶父母的车子。

其实在艾伦·图灵入学之前，该来的就已经来了。由于父母长期不在身边，天资聪颖的艾伦·图灵，其天赋几乎没有被发掘出来。也正是因为如此，他的举止在外界看来古怪乖张。那个曾经阳光开朗的男孩，在不到 9 岁时就已经发生了巨大的变化。母亲发现，艾伦·图灵从积极活泼变得不爱交际了。

大师的人生，都有很多相像之处。爱因斯坦曾因为父亲送他的指南针而激动得面色发白，手脚发抖。艾伦·图灵也经历了类似的一段。10 岁的艾伦·图

父亲送给爱因斯坦的指南针

灵在法国西北部的布列塔尼（Brittany）度完暑假，随母亲来到伦敦。在伦敦，艾伦·图灵总喜欢拿着一块磁铁，在下水道里找铁屑。（looking for iron filings in the gutter with a magnet.）

因《儿童必读的自然奇迹》，艾伦·图灵对科学，特别是化学产生了浓厚的兴趣，并做了大量各种稀奇古怪的实验。但这并不是公学所乐于见到的学生表现。四个学期里，17任老师，竟没有一个能够理解艾伦·图灵，而且不止一个老师喜欢挖苦艾伦·图灵，并以此为乐。

校长更是对艾伦·图灵提出书面警告，这封信的英文原稿里是这样说的：

I hope he will not fall between two stools. If he is to stay at a Public School, he must aim at becoming educated. If he is to be solely a Scientific Specialist, He is wasting his time at a Public School.

我希望他未来不要一事无成。如果他还希望留在公学，那么就必须以我们提供的良好的教育为求学目标。如果他只不过是想当个什么科学家，那在公学上学，无疑是对资源的一种极大的浪费。

这封信其实暗示着校长正准备要开除艾伦·图灵。艾伦·图灵的父母对此完全束手无策，因为他们实在是一直都没有真正走进过艾伦·图灵的生活，也更没有走进过他的内心。这个天赋异禀的少年，凭借自己的学习能力，在那个期末取得了不错的成绩，拯救了他的学业。同时，他也坠入更加孤独并最终走向灰暗死亡的人生。

相比艾伦·图灵的父母，爱因斯坦的父母也没有多少值得圈点的地方。

与世界为敌的爱因斯坦

爱因斯坦的性情极为古怪，他有非常杰出的智慧，也不乏旷世的才华，却一直选择和这个世界的常俗保持明显的敌对。这对他的人生产生了很多消极的影响，也给他的发展带来了诸多的障碍。

爱因斯坦从小就具备了政治情感，他蔑视一切权威，厌恶军国主义和民族主义，尊重个性，鄙视中产阶级的消费和他们的炫富，向往社会公平。

爱因斯坦的传记中对他的反战情结有这样一段描述：

When troops would come by, accompanied by fifes and drums, kids would pour into the streets to join the parade and march in lockstep. But not Einstein. Watching such a display once he began to cry. "When I grew up, I don't want to be one of those poor people," he told his parents. As Einstein later explained, "When a person can take pleasure in marching in step to a piece of music it is enough to make me despise him. He has been given his big brain only by mistake."[1]

当军队伴着笛声和鼓点经过时，孩子们都涌向街头，为了能加入游行队列，随着军人们缓缓前行。但爱因斯坦并不以为然。他第一次见这样的表演就哭了起来，并告诉父母说："我长大绝不愿意成为像这样的可怜人（军人）。""这些军人能够扬扬自得随军乐队在队列里行进，就凭这点，我对他们足以鄙夷不屑。这些人，之所以长了大脑，纯属误会。"

我们可以从少年时的爱因斯坦对军队极强烈的偏见，感受他在世道中的格格不入，和他对世界的对抗。

绝世聪明的伟大科学家对于生活的琐碎却经常处于"失忆"状态：

His distracted demeanor, casual grooming, frayed closing, and forgetfulness, his student days. He was known to leave behind clothes, and

---

① Walter Isaacson：*Einstein His life and Universe,* Simon, 2007.

sometimes even his suitcase, when he traveled, and his inability to remember his keys became a running joke with his landlady. He once visited the home of family friends and, he recalled, "I left forgetting my suitcase. My host said to my parents, 'That man will never amount to anything because he cannot remember anything.'"[1]

他的举止仍不拘小节。衣着随便且常不整齐，总能见他穿着磨损得很厉害的衣服。身边的人会感受他记性很差，旅行期间总会弄丢自己的衣服，有时甚至手提箱都会弄丢。有一次，爱因斯坦去家人的朋友家拜访，聊天中他回忆说："我离家的时候又忘记带手提箱了。我的房东居然和我父母言道，这人如此丢三落四的，未来肯定不会有什么作为。"

爱因斯坦不拘泥于传统的新生活方式和他的自我专注（原文：Einstein's new bohemian life and old self-absorbed nature.），让他在学业上屡受阻力，但还是顺利毕业了。可他的就业就不是那么轻松了。求职过程中，桀骜不驯的爱因斯坦为自己的性情和行为方式付出了很大代价。在苏黎世和米兰，爱因斯坦向全欧洲的教授发去了求职信，但这些信件都如石沉大海，甚至爱因斯坦连礼节性的回复都没有收到。

当时与爱因斯坦同住米兰的父亲赫尔曼·爱因斯坦（Hermann Einstein），对儿子的绝望和痛苦非常心疼。这是历史上，爱因斯坦生平中非常特别的一笔。其父赫尔曼在没有告知爱因斯坦的情况下，私自给一位爱因斯坦很中意的教授奥斯特·瓦尔德（Wilhelm Ostwald）写了一封信。

这之前，爱因斯坦已经给这位教授去过两封真挚的信件，但都没有得到回复。在父亲赫尔曼的这封信中，他试图用透着悲苦的文字，以此等讨好的方式尝试着帮儿子一把，但最终，也同样没有得到任何回复。这位卑微的父亲在信中这样写道：

---

[1] Walter Isaacson：*Einstein His life and Universe,* Simon, 2007.

Please forgive a father who is so bold as to turn to you, esteemed Herr Professor, in the interest of his son.

Albert is 22 years old, he studied at the Zurich Polytechnic for four years, and he passed his exam with flying colors last summer. Since then he has being trying unsuccessfully to get a position as a teaching assistant which would enable him to continue his education in physics. All those in a position to judge praise his talents; I can assure you that he is extraordinarily studious and diligent and clings with great love to his science.

He therefore feels profoundly unhappy about his current lack of a job, and he becomes more and more convinced that he has gone off the tracks with his career. In addition, he is oppressed by the thought that he is a burden on us, people of modest means.

Since it is you whom my son seems to admire and esteem more than any other scholar in physics, It is you to whom I have taken the liberty of turning with the humble request to read his paper and to write to him, if possible, a few words of encouragement, so that he might recover his joy in living and working.

If, in addition, you could secure him an assistant's position, my gratitude would know no bounds.

I beg you to forgive me for my impudence in writing you, and my son does not know anything about my unusual step.

尊敬的教授先生，请您一定宽恕我这个做父亲的为了儿子向您来乞求的冒失行为。

阿尔伯特·爱因斯坦今年已经 22 岁了。他在苏黎世联邦公学读了四年书，去年夏天毕业，成绩优异。他一直期望谋求助教的职位，这样他就有机会能继续物理方面的深入学习和研究。很多老师都称赞他在物理方面的才能。我也要向您担保，这孩子非常具有上进心，也极其勤奋好学，他拥有着对科学炽热的爱。

一直没能找到工作，让这孩子特别痛苦，甚至于挫伤了他的自信心，认为他的职业路途越来越没了希望。此外，他甚至认为自己成为我们——他的父母的负担，我们家境确实并不富裕。

尊敬的教授，您是当今物理学者中，我的孩子最仰慕和敬重的老师，我于是才如此冒失向您乞求，希望您能读一下爱因斯坦发表于《物理学纪事》上的论文，也看看有没有可能，您能给他几句鼓励的话，他一定会因此重获生活和工作的希望。

要是您再能给他一份助教的职位，我对您的感激将五体投地。

最后，恳请您原谅我这份如此冒失的信件，我的孩子对此，是一无所知的。

与艾伦·麦席森·图灵和阿尔伯特·爱因斯坦迥然不同，华罗庚（李建臣：《为数学而生的大师：华罗庚》，华中科技大学出版社 2020 年版）、陈省身（丘成桐、杨乐、季理真：《陈省身与几何学的发展》，高等教育出版社，2011 年版）、丘成桐（丘成桐、史蒂夫·纳迪斯：《我的几何人生》，译林出版社 2021 年版），他们的人生中，有很多师者为之托举，与其为伴，而且他们也都是善于、乐于交朋友的数学大师。培养孩子一定要多总结前人的利害得失，多看他们的长处，从历史中取经，于现实中发扬光大。

事业多伴挚友

人生是自己的，事业是大家的。如果孩子的性格如韦东奕、张益唐这样比较内敛，不喜交际，不积人脉，自己投入进去，一门心思做数学，那就是把数学融入人生。这并不妨碍人生的选择，但一定不会那么顺利，因为一个人的力量毕竟有限。

而另一些数学工作者，他们把数学做成事业，做得很大，并享有世界性的声誉。他们一定是广结业内良士，共力促进。如丘成桐描写陈省身，说选择陈先生当导师后没过多久，便能感到身处系内强势的团队之中。大家公认陈省身是当代华裔中首屈一指的数学大师。"陈先生不仅在数学上卓有成就，也擅于经营人际关系。他喜欢酬酢，不时在家宴客。陈师母乃烹饪能手，做的中国菜很有名。成为陈先生的弟子后，我被吸纳进了他的社交圈子之中。"（引自丘成桐、史蒂夫·纳迪斯：《我的几何人生》）

唐培经向熊庆来大力引荐华罗庚，也是促成华罗庚 20 岁进入清华大学的重要助力。唐培经说：华罗庚与我，是由金坛同乡，而笔友，而同事，而至交……唐培经与华罗庚都因各自公事繁忙，不能常见，但每次见面，都会回忆清华大学的过往，畅谈彼此的经历——工作、生活和家人的状况，更是会谈论把他们紧紧联系在一起的这门学问——数学。华罗庚深有感触地认为，学术交流十分重要，交流越广泛，发展越灿烂。一切闭关自守的思想不仅阻碍学术的发展，而且也使自己缺少了汲取营养、取长补短的重要渠道。

孩子在数学上发展，广交朋友，特别重要。但要明确，社交是集朴实处的相关联，不朴实的社交是无意义的。即便孩子的性格偏内向孤僻，也一定要多走出去，多创造遇良师，与师者见面的机会。就像中国著名数学家陈景润。年轻的陈景润就属于性格孤僻、埋头搞研究的类型。1953 年，陈景润从厦门大学数学系毕业，被分配到北京四中教书。但因为无法适应这份工作，很快就被辞退了。工作发生变动，但陈景润对于数学仍充满热情，每天都随手带着华罗庚的《堆叠素数论》反复研究。终于，功夫不负有心人，陈景润发现了其中可以改进的地方，并形成了论文，而且有幸得到李文清老师的鼓励："为什么不可推进前人的成果呢？不必顾虑重重，现在的数学名著，当然是有名的数学家的研究成果，但后来的年轻人如果不敢进一步研究，写出论文来，数学又怎么能向前发展呢？"对于初出茅庐的、年轻的陈景润，向世界级的数学大师华罗庚挑战，李文清的鼓励和肯定非常中肯和关键。这篇论文不久就得到了华罗庚的关注。当陈景润收到华罗庚寄来的一张软席卧铺票，邀请他从厦门去北京时，陈景润激动得热泪盈眶。初次见面，陈景润太过紧张，只是反复说着："谢谢华老师！谢谢华老师！"华罗庚并不计较，他看出陈景润是性格孤僻但埋头做研究的人。华罗庚曾说："我们不鼓励那种不埋头苦干专做嘶鸣的科学工作者，但我们应该注意到科学研究在深入而又深入的时候，而出现的'怪癖''偏激''健忘''似痴若愚'，不对具体的人进行具体的分析是不合乎辩证法的，鸣之而通其意，正是我们热心于科学事业者的职责，也正是伯乐之所以为伯乐。"①

1978 年 2 月 16 日的《光明日报》全文转载了报告文学《哥德巴赫猜想》。老作家徐迟同志深入科研单位写出的这篇激动人心的报告文学，热情讴歌了数学家陈景润在攀登科学高峰中的顽强意志和苦战精神，展示了陈

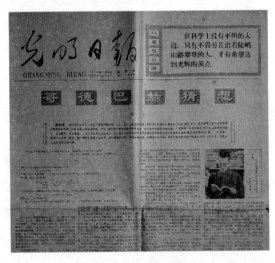

1978 年 2 月 16 日《光明日报》全文转载
《哥德巴赫猜想》

---

① 李建臣：《为数学而生的大师：华罗庚》，华中科技大学出版社 2020 年版。

景润对解决哥德巴赫猜想这一著名世界难题的卓越贡献。当日的这份报纸，只有 4 个版，却拿出了两个半版面的篇幅，并且还是从头版开始转载了《哥德巴赫猜想》。

要让孩子走出去，多走出去，谨记"社交是集朴实处的相关联"，不朴实的社交是无意义的。多结交良友，也许日后他们会成为孩子的良师，也许会是孩子和某位大师间的介绍人，牵线搭桥。但无论如何，孩子应该是能够被喜欢、被认可的"料"，是不是大才，不是我们父母能设想的，那不切实际。真实生活里，有更多人知道他／她，对他／她的研究、兴趣认可支持，孩子就有更多的机会去求发展。

在孩子像华罗庚、陈省身、丘成桐、陶哲轩一样，善于结交业内朋友之前，父母需要做的事情可能更多一些。

加州大学洛杉矶分校前数学系主任约翰·加内特（John Garnett）评价陶哲轩，说他的合作能力很强，世界上最出色的数学家都喜欢和他一同工作；有他的合作，能够组建世界上最强大的数学系。

成就更在父母

用自然的力量解决自然的问题

丘成桐用偏微分把几何和拓扑共冶一炉，用数学的方法解决物理的问题。其实，可以跳过世间的烦扰，从另一个角度看这样的事情，就是用自然的力量解决自然的问题。数学即自然，物理即自然，数学和物理的问题，都是自然的问题。而育儿，也同样是自然的问题。越是懂得自然的力量，懂得如何使用自然的力量，自然地培养孩子，效果就越好。所以，在我育儿的几年里，越是往后面，越顺利高效，就是因为我依循了用自然的力量解决自然的问题这一点，运用自然的力量，自然而然。

前述讲了那么多名人名家，现在讲讲我和我家庭的故事。我的故事，其实是很平淡的，而且，我在这几年有意识地着力使生活平淡。正是因为这样的平淡，持续起来并不容易，才不断聚合了越来越多不可思议的力量。

我目前任职一家小型集团公司，是其科研带头人。这家集团公司，我算是创始人。后来，我就淡出了商业板块。因为，我的长处在于技术研发和带孩子。对于绝大多数家庭，陪伴家人是工作之外的人生。对我而言，带孩子陪伴家人是我工作的重要组成部分，而我的工作又是生活的技术主干。于是，我的生活和工作非常有机地融合在一起。

丘成桐先生
为作者签名

《改变，从家庭亲子阅读开始》一书让我和光明日报出版社结下了不浅的缘分。有一次和光明社的领导谈新书合作的事宜，他问我有一个采访要不要观摩，是关于数学家的采访。因为光明社的很多老师都知道我对于孩子的发展，特别是阅读和数学方面的发展非常痴迷，而且已经有了几年的研究积淀，所以，这样的邀约想来也合情合理。于是答应下来，都没想着问问采访的对象是谁，就一头扎进自己的研究中了。大约在

与丘成桐合影
左一为作者
左二为光明日报出版社
社长潘剑凯
中间为丘成桐先生

2022 年国庆节前的一天，我被社里拉去观摩采访，这次的采访对象是丘成桐。

那天，我带去了两本书：一本是丘先生和史蒂夫·纳迪斯合著的《大宇之形》，那是学科互融的一个典范；另一本是英文版《清华数学讲义》（*Tsinghua Lectures in Mathematics*）。我也希望不久之后，我的孩子昀昀能阅读并深入这样的书里。

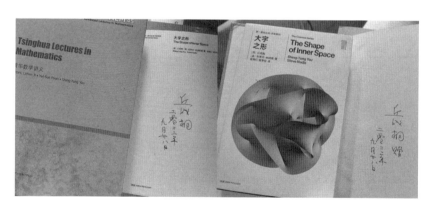

丘成桐先生签名的书

除了合影和签字的环节，我没有更多机会与丘成桐交谈。采访时间是一小时，清华方面时间把控得非常严格。采访的问题也很密集，对话非常精彩。我很幸运，帮助我的孩子在那里切身感受一个时代杰出数学家的思想。这也更让我坚信：每个孩子都可以成为数学家。

《教育家》杂志将当日采访丘成桐的文章刊发在 2022 年 10 月

第 4 期上，我将这篇文章附在下面，大家可以一起感受数学家的风采。

丘成桐：跨越高考，贯通培养数学领军人才

文｜《教育家》记者 周彩丽

黑板上写满数学公式，办公桌后的书柜上摆着卡拉比-丘流形雕塑，窗外，是秋日的流云。这是位于清华大学静斋的丘成桐办公室。

今年 4 月，丘成桐从哈佛大学退休，开始全职在清华大学任教，担负一项重任——培养中国数学领域的顶尖人才。

"为国家培育一批基础科学人才，帮助中国在基础科学上成为世界一流"是丘成桐回中国工作的愿望，也是他长期的追寻。早在 2008 年，"丘成桐中学科学奖"（原称"丘成桐中学数学奖"）设立；2018 年 2 月，"丘成桐数学英才班"项目启动；2020 年年底，"丘成桐数学科学领军人才培养计划"（以下简称"领军计划"）在清华大学开始实施，每年面向全球选拔不超过 100 名中学阶段综合素质优秀且具有突出数学潜质及特长的学生，从本科连续培养至博士研究生阶段。丘成桐希望通过这一计划，在基础科学领域培养出我们自己的"八百铁骑"。2021 年年初，以培养数学领军人才为唯一使命目标的清华大学求真书院成立，丘成桐担任院长。

"中国的数学始终未能走在世界的前列，这个情况要在求真书院、在你们身上改写。"这是丘成桐对求真书院学子的谆谆寄语，饱含一位数学家的热切期许、一腔豪情和对中国的深沉的爱意。对当前教育的一些弊病，他有忧思；对求真书院的人才培养，他成竹在胸。他将如何躬耕实践，培养数学科学领军人才？将如何破局，"改变中国数学在世界数学史的地位"？《教育家》为此采访了丘成桐先生。

"领军人才"选拔标准：有基础，有兴趣，有志向

《教育家》："领军计划"的选拔标准和选拔方式是怎样的？要培养怎样的人？

丘成桐：选拔的标准，一个是基础好，一个是对数学有兴趣。主要考核数学和物理两个科目，要求很简单，就是学生这两个科目的学业水平达到大学一年级下学期的水平。我们面向全球招生，内地主要招收高一、高二学生，特别优秀的初三、高三学生也可申请；面向境外主要招收十年级、十一年级学生，特别优秀的九年级、十二年级学生可申请。我们自己出题，不出刁难的试题，就是大学一年级学生能达到的水平考试，只要花了功夫学好了，一定能考进来。笔试后有面试，考查学生对数学的兴趣。有些学生可能考得不错，但是对数学没有兴趣，这样的人我们不会招收。

一些孩子进不了求真书院，家长认为是吃了亏，这是完全错误的想法。进了求真书院，一定要做数学研究，因此一定要有志于数学研究、愿意一辈子做研究的人才行。而据我的了解，很多家长并不希望孩子成为一个数学家，而是去做金融、去创业、去赚很多钱。对数学没有兴趣和志向的人进求真书院，对我们、对他自身都不好。

《教育家》：相比于大学常规招生，"领军计划"的招生年龄前移，是基于什么样的考虑？

丘成桐：大数学家一般都是从十二三岁就开始他们的数学历程，所以最好是在学生年轻的时候就指导他做学问，让他知道数学研究应该怎样去做，去影响他的成长，到他长大后就具备成为大师的基础。

在"领军计划"的招生中，我发觉很多经过了中考的学生对做学问的兴趣少了，到了高中，尤其是备战高考后，对数学的兴趣就更少了。经过高考的洗礼后，学生在数学方面的研究能力也许还有，但兴趣完全不一样了。我们希望培养的学生既要对数学有很高的能力，也要对数学有很深入的兴趣，这个兴趣，不是指功利的为了获奖的兴趣，而是对数

学本身的兴趣。我们招考过程中，对初中生和高中生给予同样的考题、同样的要求，有些初三学生甚至考得比高三学生还好。

《教育家》："领军计划"的招生考试中没有奥数题，入选数学、物理竞赛国家集训队的学生是第二批次而不是第一批次招生的学生，为什么？

丘成桐：在中国，参与奥数培训的孩子大多是为了拿奖，为了能上清华北大，因此死背了很多公式、方法，考完试后就都忘掉了。这种方法对小孩子没有好处，甚至可能有坏处。因为背诵公式会让人丧失学数学的兴趣，靠背诵靠刷题，学生也许会做题，但搞不清楚为什么这么做。学数学要搞清楚背后的原理，知道为什么要这么做，做出来以后有什么好处。

另外，奥数的内容其实对数学研究来讲没有什么太大的用处。如果单纯从激发孩子兴趣的角度出发，学奥数是可以的，但奥数的内容其实不是有价值的学问。有些小问题，即使做懂了，对数学本身不见得有很大的贡献，不值得花过多功夫去研究。

但是，奥数确实能为我们选拔人才给予一定的参考。我们完全不了解学生的背景，那些对奥数感兴趣的、参与过奥数竞赛的学生，一些数学工具一定学懂了，我们可以从中挑出基础比较好的学生。当然这只是基础标准，在这之上还会考核学生的其他素质。我们要培养的不是竞赛人才，而是真正有能力、有抱负，懂数学、懂科学，有文化、有内涵的通才。

《教育家》：您强调培养"通才"，多次提及在文史哲领域的涉猎、积累对您的数学研究产生了很大的正向影响。但现实中可能存在一些偏科的学生，擅长数学但对文、史、哲不感兴趣，这种情况会限制他以后在数学方面的发展吗？

丘成桐：我们中国人有很怪的想法，认为"偏才"可以做出很好的研究成果，可以做得比不偏科的人更好，实际上历史上没有出现过这个现象，"偏才"肯定不是学问做得最好的那个。一般好的数学家或科学家，都是在很深厚的文化土壤上长大的，也因此他们的学问会更好，更有前途。我还没有发现偏科的人可以完成伟大的数学学问的，所谓"偏科"，都是给自己找不学习的理由。

"领军人才"的成长：一流的老师来教一流的学生

《教育家》：通过"领军计划"的招生，您认为基础教育阶段培养出的学生有何特性？

丘成桐：中小学培养出的学生很擅长考试，这不见得没有好处。如果真的学懂了，因此考得好，而不是靠一些应试技巧和训练，那也很好。这说明他们知道怎么解题，能够找到更好的解决问题的途径。但据我了解，有些中学为了让学生考得好，会搞一些应试训练，导致学生形成机械化的反应，这对学生来说很不好。一个伟大的数学家，不仅要懂得做题，还要会思考，有远见。在我们的招生中，有些高中学生表现得不如初三学生，这也许与部分高中的应试化训练导致学生兴趣磨灭、思维受限有关。

《教育家》：基于这种情况，您认为基础教育阶段的数学教育应该如何改进？

丘成桐：首先，需要区分面向学生大众的教学和面向尖端学生的教学。每年1000多万人参加高考，不可能每一个人都对数学有兴趣，不可能每一个学生都是第一流的，所以没有必要要求1000多万学生数学都考得很好。高考有它独特的功用，但是想培养第一流的领军人才，仅通过高考还不够。

其次，从中学开始，就要有一流的老师来教一流的学生。伟大的数学家，都是在年轻的时候听伟大的数学家的课，跟他们学习。一般来说，中学的老师不懂得整个数学的走向是怎样的，不懂得高深的数学的工具在哪里。我们求真书院招收初、高中的学生，用大学的老师甚至世界第一流的老师去教他们，这样他们的成长会更快一点。

《教育家》：对于人才成长，好老师非常重要。在基础教育阶段，好的数学老师的标准是什么样的？

丘成桐：真的想要教出一流的学生，中学的老师得有能力教大学才行。因为大学的老师才对数学的走向看得比较清楚。由大学的老师来教中学的学生，目前没有这样充足的师资，但是一些好的中学有这个能力。美国有很多有名的私立中学，有些老师甚至是大学教授的水平，给他们的薪资比大学老师还高。国内像深圳中学也开始请一些有能力教大学的老师任教，给他们很高的薪水。用高水平的老师来教学生，这是很好的事情。

《教育家》：用大学水平的老师来教基础教育阶段的学生，可能目前还难以普及。

丘成桐：我觉得没有必要普及，因为没有必要让每一个孩子都成为数学家，只需要用一流的老师教数学基础最好、兴趣最浓厚的那部分学生就够了。一个数学大国，并不需要有太多数学家，两三千个就很多了，科学史的进步其实也就是靠最顶尖的一部分人去推动的。比如，在美国，第一流的数学人才也就几百个，第二流、第三流的人才加起来有四五千个，这就构成了一个数学强国，英国、匈牙利也就几百或者几十个一流数学家。

中国作为一个大国，要培养一万个有能力和潜质的学生，师资是充足的。一年培养一千个，十年就有一万个，每年培养一千个也不难。所以，像求真书院这样，每年选拔一批优秀的学生，用我们优秀的师资去培养，应当很快能够让中国的数学成为世界一流。

"领军人才"的贯通培养：跨越高考，从小培养

《教育家》：对"钱学森之问"，一些高等教育阶段的老师认为是基础教育阶段没有把人才教好，基础教育阶段的部分老师认为培养出来的优秀人才到了大学后没有得到好的发展。您怎么看这种矛盾？

丘成桐：在人才培养方面，大学和基础教育阶段都存在欠缺，抱

有过多功利的目标。基础教育阶段奔着考试，没有让学生打下扎实的基础，没有让学生真正成为有文化、有修养的人。到了大学，又奔着"帽子"去。

《教育家》： 大学和基础教育阶段如何对拔尖人才进行贯通式培养？

丘成桐： 我们花了很多功夫，求真书院就是为做这个事情，我觉得会很好、很快地成功。

求真书院包括"数学领军计划"和"数学英才班"两个项目。"数学领军计划"面向全球招生，内地初高中学生可以申请，不通过高考，直接组织招考，有些年仅14岁的学生就考进来了。入校后采取"3+2+3"模式，从本科连续培养至博士研究生阶段。我们用最好的师资来培养他们，像菲尔兹奖获得者及美国国家科学院院士、欧洲科学院院士等学者都进过求真书院的课堂；不仅开设数学、物理等基础课程，也重视通识培养，开设"求真大讲堂""科学史"等系列通识讲座，用"通才"培养引领数学基础学科发展。

"数学英才班"采取初高中一贯制培养。在国内优质中学成立"英才班"，选拔有天分、肯吃苦的少年，按照我们的培养理念设计人才培养方案，聚集我们的资源，与中学合力育人。基础教育阶段优秀的人才，我们从他十多岁时就开始培养，走一条最先进的路径，让他们能够打下很好的基础，有能力去做研究。

《教育家》： 拔尖人才的职后培养也值得关注。一些高校的年轻科学家除了担任科研工作，还担任教学工作，面临工作和生活的平衡，压力较大。有科研潜力的人是否应该专职做科研？

丘成桐： 哈佛大学、斯坦福大学的教授花在教学上的时间不比中国的高校老师少，一样能做出很有价值的成果，一个礼拜教几小时的书，应该不会影响做学问的时间。另外，要做好学问，不教学反而不好。一个只做科研的老师，他的学问不太可能做得非常好，科研和教学是相互促进的过程。

所以，花时间教学不是问题，还是要回归到做学问的态度上来。我们中国的一些科学家当了教授以后，追求的人生目标不是学问，而是要拿"帽子"，要当院士，一辈子的目标就达成了，没有把做学问作为人生最重要的目标。

中国人才培养的条件很好，但是做学问的风气还不够好。很多人都不喜欢做研究，做研究的主要目标是想拿到房子，拿到"帽子"，希望做了院士以后就飞黄腾达，而不是真的想做学问，这才是最主要的问题。

在成为父亲的近 7 年里，我的变化是很大的。我从一个不愿意要孩子的工作狂，变身为恨不能 24 小时围着孩子陪他成长的全职奶爸。硬是把一颗正在开始打开并充分融入社会的激昂澎湃的心，稳稳地降温并踏实地落在家庭里。这就引来不少人的关注，问我是如何做到的。

2015 年年初，我和妻子对于是否要孩子的事情产生了一些分歧，但因为那时候我的岳父癌症的治疗不理想，我几乎没怎么思考就和妻子统一了思想：结婚以后抓紧要孩子。我之所以不想要孩子，是因为，在我过去的人生里，负重前行实在太久了，实在是太渴望能放开手脚好好工作一次。

我的整个大学阶段，包括后来读研究生，都是半个心思要放在家里，挂念着年纪很大的爷爷和奶奶，照顾他们的饮食起居。很多大学生都是住校的，我也安排了铺位，但经常是下午放学了，就骑一个半小时自行车回家照顾爷爷、奶奶，早上再骑一个半小时去大学里上课。老人生病就医是常事，我有数不清的夜晚，是在病房的加床上度过的。后来母亲患上癌症，爷爷患上肺癌，这就是我的整个少年到青年时代经历的。

当我在 2010 年初入职场，以为能放开手脚在职场扬眉吐气的时候，奶奶又因严重的腰疾，突然间下肢几乎瘫痪。那时我在很多领导的扼腕叹息之下，迅速辞去了那份热爱的工作。

孩子降生的那一刻，所有之前的包袱和羁绊都放下了。我一时间变成了一个父亲，一个可以从大局看整个家庭发展的顶梁柱。我考虑，妻子的工作是很难得的，非常纯粹、干净。虽然要经常出国出差，但接触的都是业内的学者和医生，即便是商务方面的洽谈也都是非常正规的。妻子唯一一次带客户借工作之便，行朋友之谊——游玩的去处是素有南京氧吧之称的中山陵。客户叫 Bassan，也成为我们家庭的亲近朋友。妻子每次去沙特出差，Bassan 和他的太太都会邀请妻子去他家做客。妻子在这家公司工作 10 年，结交到全球各地不少好朋友。除了出差以外，当然妻子并不烦出国，这与我大为不同。这份工作，从没有加班一说。所以，我毫不犹豫地停掉了我当时刚刚创办的一家翻译公司，全职在家带起了孩子；悉心照顾我的妻子，和她的家人，保证妻子在歇完产假之后，可以顺利回归职场，回到她的岗位上。

要把一件事情做好，能有一些成果，把这件事真正地做起来，是需要不少时间的，而且要理论结合实际。除了大量的实践经验，也需要读大量的相关书籍。从稚嫩到成熟需要时间，要慢慢来。

最初育儿的两年，我只关注了孩子的语言发展。因为我的人生从谷底到出现转机，都因我在英语方面的学习积累和运用。因为英语，我和妻子结识，并组建了家庭；因为英语，我在最初的职场中如鱼得水；因为英语，我在辞职之后，还能自己创业养家。但我也深知自己学习英语的一路坎坷。带着试试看的心态，跟孩子的中文启蒙同步，我早早开启了孩子的英语启蒙。2015—2016 年，得益于实践——我上学时做实验研究，就是一把好手，我的动手能力很强，这也是得益于我从小学低年级时就操持家务，洗衣做饭。所以，我带孩子像母亲一样细致，孩子健康成长，没因为生病去过一次医院。孩子 7 岁之前，仅有的四次发烧，也都在我的照顾下，2～3天就痊愈了。所以，得益于我育儿细致这一点，我不断会有很多发现；又因为我敢于大胆尝试，所以孩子的语言发展，又快又稳。

当然，随着我把心理学的知识也融入孩子的培养中，我才意识到自己曾经的一些想法和认识的浅显和粗糙。外语的学习，对于孩子的发展不仅仅局限于语言本身，或是与之相伴的阅读，还对大脑发展、智力能力提升有极大的促进作用。当然，这是几年之后我才学习到的事情。

2016—2017年，我最初分享给读者的，是在中国水利水电出版社出版的一本书。那时候，还是太过浮躁，读书学问都尚浅，而且也不太善于和编辑老师沟通。我提交的文字稿，偏学术一些，也稍显稚嫩。经编辑老师的调整，删去了几乎所有的学术篇章，最终成为偏向于迎合市场的一本育儿日记。但我还是满意的，毕竟那书记录了我一边研究一边尝试带孩子的成长过程。是我和孩子的第一本书，特别值得珍惜。

其实，孩子是不难带的，而且越带越有意思。当手边有专业书籍的帮助时，更是得心应手。而且，孩子是一直在给你明确答案的。当我想尝试一些方法手段是否实用有效时，孩子直接就告诉你答案了。当我看清楚了这一点，自2016年，花了更多心思在专业书籍的研究上时，带孩子的效果突飞

作者的第一本书

猛进。

基于心理学和我的实践感受，我把心沉下来，一点儿都不浮躁，我做到了在孩子身边能一直保持沉静、安然的状态，不大喜，也不大悲。孩子把刚刚做好的辅食碰到地上，洒了满地，我一点儿都不急，因为我把书读进心里了，知道那一刻如果着急会有怎样的弊端。

我也花了很多心思从网上给孩子买书。几乎每天，都会买一些。我也以"书套书"的方式，边阅读，边把好书里推荐的其他相关图书一本本买回家。我的感受是 2018—2020 年间，家庭早教启蒙的市场突然爆发，很多商家做起了相关的生意。有一些出版物机构主动联系到我，给我发了不少他们的绘本书籍，看看有没有和我合作的可能。这自然也成为昫昫的书籍绘本的一个重要来源。就这样断断续续的，2021 年年初，我大概统计了一次，昫昫的书加起来，差不多有 8000 册了。当然有些只有几页、十几页的绘本也算一册。也有像 *Out of my mind* 这种300 页的。我读了 200 多本英文原版的和育儿方面相关的书。收获算是不错的。

把心静下来，陪孩子一起玩的时间越多，就越懂他，越懂他的成长方式。2017 年前后，昫昫的阅读已经完全不需要我操心的时候，我开始筹划撰写一直挂在心上的、希望能偏学术一点儿的家庭中父母如何给孩子进行英语启蒙学习的书。写了大概一年多，中间因为各种事情的牵绊，最终于 2020 年在水利水电出版社的大力支持之下得以问世。书名起了一个偏商业化的名字：《昫爸英语：0～6 岁儿童英语学习全指导》，我不太喜欢。该书还是沿用了我的笔名，也力求聚焦 0～6 岁儿童。对这本书我不太满意的原因，在我自己。成书之后稍做回望，再结合当时自己在学问上的增长，觉得这本书太过浅显。也许人总是这样的。当初，我的孩子昫昫能流利地中英文切换，和我说英文、和奶奶说中文的时候，我是非常自信地给水利水电出版社的老师交了书稿。

时隔一年，因为自己和孩子的成长，再看书稿，不免有些脸红心跳。自《昀爸英语：0～6岁儿童英语学习全指导》开始，我发现自己对于提笔写作越来越慎重了。

　　2021年，当我和妻子计划带孩子去中国科学院心理研究所做超常儿童测试的时候（后更名为发展性认知能力测试），我深知，育儿是一门极其庞大和深邃的综合性学科。这样的综合性学科，在国际上以及国内相关的研究机构或院所是没有的，更多的是与育儿相关的、细分的专业领域的研究，而非综合。但孩子的培养，不综合看其长远规划，是不成的。这就在客观上，出现了很大的矛盾。专业的老师只专一门学问，而育儿又涉及多学科的融合。再者，特别高水平的专业老师，又会因为工作上的付出，反而忽略了育儿实践，甚至是自己的孩子、家庭。如此，实践是检验真理的标准又如何落地？而我多年的经历，让我由衷地生出这样一个观点：教育者最应该交出的成果，首先应该是自己孩子的教育。

著名心理学家张厚粲

我国著名心理学家、教育家，北京师范大学心理学院教授、博士生导师张厚粲回忆说："1960年到1965年，心理学得以恢复，我真的很带劲，什么都顾不上了。那时小女儿刚出生，学院产假是56天，之后我就把她送托儿所，自己马上去工作，那么多的课需要我上，我根本顾不了别的事。即使系里就我一个人，我也高兴，我觉得我自己有责任也有义务尽我的努力来培养一批好学生，振兴心理学科……"[1]

---

[1]张厚粲：《我与心理学》，《中国教师》2013年第7期，第40-44页。

很多心理学专业的先辈，为了中国的心理学发展，为了中国的学术跻身世界前列，舍弃了家庭中的角色，这是特别值得尊重的崇高精神。但另一方面，那孩子呢？客观上，一件事情，不投入十分精力，很难有成。培养孩子，需要多学科的知识融合，需要父母的大量精力投入，也需要友人的支持和相互协作。

2021 年，我和我所在的集团旗下公司的股东、曾担任央视英语频道 *Dialogue* 栏目的创办人及主持人的杨锐老师，一起促成了与人民日报社旗下的《国家人文历史》杂志的项目合作，与新媒体部主任纪彭老师共同制作了一档《孩子们喜欢的中国史》的音频栏目，一共 101 集。撰稿人除了《国家人文历史》的老师以外，还有人大附中航天城学校、北京一零一中学、海淀实验中学等知名中学的历史老师。《孩子们喜欢的中国史》是现在每天晚上睡前，我和孩子一起收听的重要栏目。

同年，我完成了《改变，从家庭亲子阅读开始》的全稿，书名是我们向忠实的读者征集的，非常感谢这位书名的提供者。这是我心仪的书名，不偏于商业，以务实求真为主导。《改变，从家庭亲子阅读开始》这本书还是有很多遗憾，因为撰写的时候，正是我集中心力攻克与育儿实践相关的心理学知识的时期。初期很多知识还浮在头脑里，没有沉淀下来，有些还没有想通，有些育儿中的问题，还没有思考明确。所以《改变，从家庭亲子阅读开始》只是简单提及我与中科院心理所老师的相遇。心理所负责检测的周德文老师曾对我说：你充分开发了你家孩子的英语能力和阅读能力，这相当了不起。他目前 6 岁的英语阅读水平，是很多人也许一辈子都达不到的。

在 2021 年，初测韦克斯勒学龄前儿童智力量表 WPPSI 时，周老师的另外一番话让我更加在意。他说：在你的培养方式下，你的孩子的有些能力被很好地开发了，可能要等到他读研究生以后，开始专业研究时才会用到。

　　也是由此，我开始花了一些时间精力研究韦氏智力测试，也在前篇中给大家细致论述了一番。那天，我和妻子、孩子还遇到了后来的好友张莉博士。那天很巧，张莉博士一般都不会去测试部门，她那次的走访，居然被我和妻子、孩子碰上，也是上天作美。我与张莉博士在之后虽然少有互动，更少有机会见面，却成为很好的朋友，后文会再讲述。

　　由张莉博士的引荐，我又结识了施建农老师，与他聊了一次，可惜那次心里有太多的设想，而大多在后来看来都不切合实际。带着太多的心思，与一位学界的智者第一次会面聊天，会负担很重，但还好的是，施老师为人刚直，言谈随和，愿意听后辈的想法。我们聊了近两小时，对我今后在心理学方向不断地深入研究，受益匪浅。

作者与施建农老师合影

　　我与上述几位心理学方面的老师交往都不频繁，却能感受到他们对于学问追求的真挚和纯粹。特别让我感动的是，在我的《改变，从家庭亲子阅读开始》新书发布的时候，我尝试邀请张莉博士助阵，她二话没说就欣然答应了。她表示说，对我这样的热爱钻研学问，并把带孩子视为终身研究方向的父亲，实属不可多得，还非常亲切地鼓励我，称我为"窦老师"。

　　我淡出商业板块，专注带孩子和研究，其实也有一些事件的引发，让我为之触动，继而当机立断。并不是说我不擅长商业，而是人的精力有限。在《改变，从家庭亲子阅读开始》新书发布的那段时间，我仅出镜一次，就是在光明日报出版社和张莉博士一起接受采访。张莉老师助我一臂之力，让我能尽情挥洒对育儿的执着热情。虽然我的学问有限，但我对家庭亲子阅读及育儿的热忱大家都能感受得到。但之后，出版社多次邀请我出镜，拍一些宣传新书的视频，还有在当当网的新书宣传视频，都被我婉拒了。我并不是不想成为网红，或者说成名的话，对公司也好，对我的事业发展也好，都应该有所助力。但我判断，这样的公众宣讲一旦开启，也许后续将一发不可收。我当初选择从老板的身份，转而为集团公司的科研带头人，就是为了能满足我匀出更多时间陪伴孩子的愿望。我的工资，目前够我们一家在北京西城孩子的学校附近，租一套 80 多平方米的两室一厅；三餐温饱，公司提供一些购书的费用，这就是经济上我想要的全部了。我更需要的是时间，不能和除了陪伴孩子家人以外的任何事情妥协。

2019—2020 年，是公司快速发展的一年，也是我特别浮躁的一年，因为突然间需要应付的事情成倍增加。那时候，我和妻子在筹划孩子可能步入的"早早培"（ZZP）。"早早培"是坊间家长间流传的叫法，学校的叫法是"早培一年级"，简称"早一"。早早培，不需要家长购买学区房，只要是京籍适龄儿童都有资格参加。入选后，孩子直接进入人大附中九年一贯培养，省去了小升初的诸等烦恼。这对于我和妻子这样家境不阔绰、购置不起学区房、只是靠知识平稳度日的读书人，是最好的选择和出路。而且，我和妻子都觉得以孩子昀昀的实力，此事十拿九稳。当然，我对于人大附中的早早培班的认识和态度，随着后来的脚踏实地求真务实的研究，发生了很大变化。2019—2020 年间的浮躁，后来也随着更多知识和信息的吸纳，而逐渐归于平淡。平淡里，才能诞出真正的美好和不凡。

那个时期，公司的日渐兴旺和孩子的稳健成长，以及对早早培的翘首期盼，让我如热锅上的蚂蚁，狂躁不安。看起来对外的一股股气盛和自信，是我内心因为诸多不切实际的期盼而日渐生发的不自信。其实并不是因为追求商业而生发的浮躁，而是那段时间的商业本就浮躁。

　　公司形成了一套完整清晰的外事接待体系。有一次，一位很看重我们项目的师长引荐清华大学的老师来公司考察会谈。媒体部又是拉欢迎横幅，又是拍摄素材。正聊得投入的时候，清华的老师突然一脸严肃朝我身后直摆手。我回头看，是媒体部的摄影师。那时候，我的心思还没有现在这般清透，一方面觉得清华的老师实在是不给公司面子；另一面也觉得羞愧，突然感觉商业这般做法，实在是不体面。

作者受邀在清华大学座谈

　　2022 年，经过近两年的调整，这期间也发生了不少事情，但好在我的心思在家庭，反而让我的工作事业稳步抬升。我悟出这样的道理，既适用于育儿养娃，也适用于处事工作：凡是捷径都是死路，凡激进者必不得成。这几年，大家看到很多大型企业可能一夜之间，轰然倒下。难道都是经济下行造成的吗？其实看看它们成长的轨迹，有些大型企业仅在短短几年，其体量就超越了同行业的百年企业。这样怎么可能是健康的呢？又如何会长久？而且，很多企业的创始人、负责人，甚至都没想过要企业走百年。

赚快钱，做快生意，唯快不破，这道理讲得通吗？据说国外有些养鸡场，几天就能让鸡蛋孵化成鸡，又称为"肉鸡"。这些鸡连走路都走不了，是何等畸形而且残忍。这样的思考里，有我对百年企业如何发展的研究及思考，对"慢"和"自然"的理解，也同时坚定了我不会送昀昀去读早早培的决心。其实，不需要决心，自然培养英才，我完全有这个能力。结合任何一所体制内小学的系统教育，我都能陪伴孩子成长为大才。

与光明日报出版社领导、老师的相识，是我育儿人生的一次干净利落的提升。我这么多年育儿的内核"实践是检验真理的唯一标准"最早载于《光明日报》。真的是上天的缘分，不可思议。

孩子从出生起，一直都随我和妻子各处租房子。算起来，过去六七年中，我们已经搬过四次家了。中间有段时间，倒是住过自己的房子，是在北京近郊顺义的一套两室的房子，面积也不大。最近妻子总结说，我们的孩子是特别幸福的孩子，因为他从出生起，在时间上就没有荒废过，一直在我们的怀里，特别充实地玩这玩那的，确实也学了不少东西。

我和妻子对于世俗生活的不在意，使得我能花更多时间陪伴孩子。也许有读者会关心，我们这样不喜欢社交，疏于世事，会不会让孩子孤僻不善交际？在光明社新书发布会上，我在镜头前讲过，我的孩子昀昀从入学起就深得班级老师，特别是班主任的夸赞，夸他成熟，是暖男，而且班上学习品行不错的孩子，都成为昀昀的好朋友。

只有父母才能成为孩子的专属育儿专家

科研上，数据的颗粒度越小，越容易出一些成果。数据再怎么喜人，或者说，再高的数据标准，也都难以与父母的执着和爱相比。父母对孩子的爱，才能架起数据的最高标准。我听过格林·多曼（Glenn Doman）

讲过的一个故事，说父母带着 3 岁的脑发育迟缓的孩子到专业医院就诊。医生说这孩子只能保守治疗，未来也很难上正规学校，需要提前考虑帮孩子选择一所特殊的学校。父母强烈反对，带孩子离开，他们不信医生的"保守"，特别是父亲。后来的两年里，父亲经常和主治医师沟通孩子的进展，但这种沟通，都让主治医师一笑置之。因为医生不相信父亲所说的孩子在语言上的进步，只是认为父亲是出于固执和情感的一种表达。但时隔 3 年，父母带孩子来医院复诊，让专业医生们惊讶的是，这个孩子已经可以像正常的孩子一样阅读和书写了，而且不可思议的是，孩子的阅读能力甚至超过了大他两岁的孩子的平均水平。

莉迪亚·登沃斯（Lydia Denworth）的故事很值得父母们读一读，她的第三胎孩子，2 岁的时候被诊断出严重的听力丧失（hearing loss），而且有越来越严重的趋势。为了孩子，登沃斯全身心地走进了一门她完全陌生的科学里，她的书《我想让你听见》（*I Can Hear You Whisper*）有非常专业的耳科学词汇，对耳疾进行了深入浅出的论述。如果具有同样遭遇的家庭读到此书，一定会因登沃斯而生发更大的勇气、更清晰的思路、更准确的办法，带孩子走出困境：

Denworth knew the importance of enrichment to the developing brain but had never contemplated the opposite: deprivation. How would a child's brain grow outside the world of sound most of us take for granted? How would he communicate? Would he learn to read and write-weren't phonics a key to literacy? How long did they have until Alex's brain changed irrevocably? In her drive to understand the choices-starting with the angry debate between supporters of American Sign Language and the controversial but revolutionary cochlear implant.Denworth soon found that every decision carried witty scientific, social, and even political implications. As she grappled with the complex collisions between the emerging field of brain plasticity, the possibilities of modern technology, and the changing culture of the Deaf community, she gained a new appreciation of the exquisite relationship between sound, language, and learning. It became clear that Alex's ears--and indeed everyone's-were just the beginning.[1]

登沃斯以前知道，给予充分的外界刺激对大脑发育何等重要，但从未想过与之相反的方向：剥夺。当孩子无法像我们大多数人一样通过声音感知学习这个世界时，孩子的大脑会如何发展？他将如何沟通？他能学会读写吗？语音可是识字的关键呀！登沃斯的儿子亚历克斯的大脑也许会因为失聪而造成不可逆的变化，这个过程需要多久？登沃斯想要拯救儿子，她还有多少时间？

登沃斯要努力理解比如美国手语使用的支持者与备受争议但具革命性的人工植入耳蜗的支持者们之间的激烈争论。她很快注意到，其实每一个决定都蕴含着科学智慧、社会的诸多权衡，甚至带有政治色彩。当她面对新兴的大脑塑性领域研究可能的现代技术新发展，以及聋人社区不断变化的文化之间的复杂碰撞时，登沃斯逐渐生成了对声音、语言和学习三者间微妙关系的全新认识。很明显，亚历克斯的耳朵——应该说是每个人的耳朵——对于我们的脑发展只是一个开始。

正是因为有了登沃斯这样的妈妈，亚历克斯（Alex）才会有属于他的美好的人生的开始。

对于孩子，最伟大的光，就是为他们披荆斩棘、遮风挡雨的父母。

登沃斯著《我想让你听见》中的作者介绍页面

---

[1] Lydia Denworth, Dutton： *I Can Hear You Whisper,* Penguin Publishing Group 2014.

小说《奇迹男孩》中，小主人公奥吉（Auggie）生来面部严重受损，需要多次手术治疗。10 岁之前的他从未上过学。奥吉的妈妈给了他很好的家庭教育，培养奥吉很爱读书，也善于读书。10 岁这一年，父母为奥吉精心挑选了一所当地最好的学校——毕彻中学（Beecher Prep）。当校长听说这个未上过学，而且面容受损的 10 岁男孩在 6 岁时就阅读了《驯龙高手》时，惊讶地道：我一定要见见他。

Isabel：“When I told him you read Dragon Rider when you were six, he was like, Wow, I have to meet this kid.”[1]

伊莎贝尔（奥吉的妈妈）：“当我告诉他你 6 岁就读了《驯龙高手》时，他惊讶地道：哇，我得见见这个孩子。”

与以上这些伟大的父母相比，我从《智蕾初绽》这本书中看到了一个反例，一个显然无心、实则"拔苗助长"的案例。

《奇迹男孩》英文版封面

很多父母或者老师只看重一点，比如，注重算术的能力，认为那就是数学或者是关乎数学的重要内核。但算术对于数学而言，并不是那么重要。数学家丘成桐曾说他和很多数学家都不善于算术。解决数学问题遇到庞大复杂的计算时，可以使用电脑，依靠计算软件之类。提升了一些水平的父母，又在奥林匹克数学竞赛上打转转，急功近利于孩子的即时成绩，而完全不晓得华罗庚曾经主张的开启数学竞赛的深意，也完全不顾及孩子的终身持续的发展。往往因为一时的功利，而误了孩子的一生。

---

[1] R.J.Palacio: *Wonder*, Corgi Books，2012.

　　《智蕾初绽》出版于 1983 年 1 月，算是比较早了，从中可见，当时对于孩子智力能力的全面综合培养方面，还处在比较早期的阶段。其中的案例，在当时是以颂扬的笔调书写，但今天看来，确实不是好的榜样。以其中一位 6 岁"心算家"的案例为例。"心算家"生于 1974 年，足月顺产，出生时体重 6 斤半。母亲初中文化水平，父亲高中文化水平（在当时，属于学历不低）。"心算家"出生后六七个月能发"pó pó"音，1 岁会说话，1 岁 7 个月能自己吃饭，4 岁能自己穿衣服系鞋带。3 岁上过一年幼儿园，但因为其父要求幼儿园与家庭配合，用卡片教"心算家"认字，未被接受，就不再送"心算家"去幼儿园了。这在今天看来，是不够周全的做法，没有从智力能力全面发展的方面考虑孩子的综合全面发展。幼儿园是一定要按照国家的规定培养孩子的。大可以在课后，进行家庭的启蒙和孩子的能力开发及发展项目。

　　但"心算家"的父亲，刚好在 1979 年因病未工作，就执意在家中教孩子认字、绘画和学数学。但在数学学习上属于对数学理解不深，略显偏执的。比如，"心算家"能在 19 分钟正确心算出 6 位数乘以 6 位数的结果：365427×243682=89047982214。1979 年 5 月，"心算家"代表中国参加在杭州举行的国际珠算交流会。日本株连支部长对"心算家"的心算十分欣赏，并在回国后在日本《珠算伊势》杂志 1979 年第 26 期，介绍了"心算家"的事迹。而"心算家"的发展，在家庭的引导下，随后却走上了书法的道路。《纽约时报》曾用整版篇幅，刊登和介绍"心算家"与其姐姐的画作，称赞"他们的作品可以同中国当代最优秀的画家的作品媲美"。日本和我国的新闻纪录制片厂先后为"心算家"拍过纪录片。《广西画报》1983 年第三期，以《漓江之滨画童多》为题，刊载了"心算家"姐弟的照片和作品。《广西日报》《广州日报》《羊城晚报》《桂林日报》也都对"心算家"的事迹进行了报道。

　　"心算家"从展现数学能力的年纪来看，早于丘成桐，也许能比肩陶哲轩的"早慧"。但从家庭培养水平而言，却逊色很多。"心算家"之后的发展不再为人所知，或许也可以说明一些问题。俄罗斯数学家雅科夫·伊西达洛维奇在其著作《给孩子看的趣味数学》一开篇，就把"算术"和"几何"从书中剔除出去，然后带孩子走进数学，去看真正的数学。从中可见，数学大家是如何带孩子一步一步走进数学这门技术含量和难度都很高的学科的。

学生非智力个性特征与各科学习成绩之间的相关

学科 个性特征	语文	数学	外语	物理	化学	政治	生物	总分
抱　负	.18	.33	.72**	.38*	.34	.45*	.20	.65**
独立性	.45**	.59**	.63**	.23	.45*	.18	.46*	.74**
好胜心	.34	.67**	.57**	.53**	.46*	.27	.53**	.84**
坚持性	.18	.57**	.62**	.40*	.31	.37*	.29	.70**
求知欲	.25	.44*	.69**	.39*	.48**	.36*	.36*	.73**
自我意识	.51**	.30	.33	.09	—.02	.44*	.25	.44*
个性总分	.26	.53**	.75**	.60**	.40*	.38*	.41*	.83**

*P＜.05　**P＜.01

北京八中实验班"学生非智力个性特征与各科学习成绩之间的相关"表

　　上表摘自中国超常儿童研究协作组编著的《中国超常儿童研究十年论文选集》。并不是就此表要做什么论述或者研究，而是想借此表说明一下，像这种小颗粒度的数据具有科研价值，但对于父母养育孩子，即便是家庭中的超常儿童，也不具有多大价值。因为在家庭中培养孩子，反而是"大颗粒"，而且要极具综合性。孩子只爱劳动不行，只是孝顺父母不行，只是热爱体育不行，只是喜欢结交朋友待人接物有礼热情不行，只是爱读书不行，只是爱学习不行，只是一门心思钻研数学，也不行。一定要德智体美劳全面发展。

超常儿童培养与早早培的思考

能保护好孩子的，只有父母。父母需要多学习思考，不断站在更高处，把对世界的认识变成孩子可以依靠的力量。孩子每一天的快乐，才能让家庭看到更远方。

以上便是我对待"超常儿童家庭培养"以及对待"早早培"（少年班）的思考逻辑。所以，我对"心算家"父亲的培养方式不以为然。孩子的生活里不能光有学习，应该有更多的玩的时间，而玩得越多越有质量，孩子玩得越开心，才能更高效地学习。甚至有一天，孩子对学习过程的感受也变了，那感觉仿佛像是最高级的玩儿。数学家也是这样的，钻研数学的时候，精神焕发、完全投入其中，置身事外，乐在其中。

我们在陪伴孩子玩儿的过程中，提升了孩子的智力能力，并最终培养出超常儿童，这种可能性很高。根据让·皮亚杰（Jean Piaget，1896—1980）的认知发展阶段理论，超常儿童实际就是超越儿童实际年龄提前进入较高认知发展水平的个体。

20 世纪 70 年代初，华裔物理学家、诺贝尔奖获得者李政道来华访问期间，受到了周恩来总理的接见。李政道提出"理科人才也可以像文艺、体育人才那样从小培养"的建议，建议中国从小培养高素质的科技人才。提议得到了毛泽东主席和周恩来总理等中央领导的赞同。

在中国科学院、中科院心理所及原中国心理学会发展教育专业委员会的支持下，中国超常儿童研究协作组于 1978 年成立。

1992 年，由北京八中、中国人民大学附中、东北育才学校、天津耀华中学、苏州中学、湖南师范大学附中、江苏天一中学、西安一中、深圳中学等十几所已开展超常教育的实验中学联合组成了"中学超常教育协作组"。

1994 年，中国科学院心理研究所超常儿童研究中心成立，由查子秀研究员任中心主任。

我们再看另外一条时间线：

1978 年 3 月，中国科学技术大学少年班成立。

1985 年，西安交通大学少年班成立。同年，北京市第八中学超常儿童教育实验班（后称"北京八中少儿班"）、人大附中数学超常教育实验班（学制 4 年）成立。

1989 年，人大附中外语、计算机和创造发明实验班成立。（学制 5 年，1996 年后改为 6 年制。）

1994 年 2 月，人大附中的各个实验班，在人大附中、中国科技大学和华罗庚实验室的联合创办下，正式发展成为"北京华罗庚学校"（简称"华校"）。"华罗庚学校"实行的是中国人民大学附属中学（简称人大附中）超常教育的具体实施模式，是"人大附中华罗庚数学学校、外语学校、计算机学校和创造发明学校"的总称。

1984 年 11 月，天津市实验小学超常儿童实验班成立。

1988 年，天津耀华中学实验班成立。

1995 年，北京育民小学超常儿童实验班成立。

除了以上列出的超常儿童培养中小学外，我还从施建农、徐凡的《超常儿童发展心理学》一书中，找到一个清单，列出了其他一些超常儿童培养学校：

沈阳东北育才学校

江苏苏州中学

南京师范大学附中

长沙湖南师范大学附中

深圳中学

福建龙岩一中

江苏省启东中学

安徽合肥实验学校

黑龙江大庆市第 69 中学

江西石城二中

西安市第一中学

河南新乡市一中

江西省兴国县一中

上海实验中学

河南省扶沟高中

新疆石河子中学

我国超常儿童的教育研究范围远大于以上这些学校，在全国稳步发展。但随着对超常儿童领域的更多了解，我也进一步对超常儿童的培养产生了一些疑问。超常儿童教学的老师们是否真的懂孩子？我大学学的是师范，有心理学的课程，但早已没有印象。因为那时候学习的课程，只能与考试和学分挂钩，对知识内容和生活实际联系既没有概念，也完全理解不了。我大学毕业，曾在天津市最好的五所中学实习，我也是一名教师，而且是朝气蓬勃的年轻教师。但我完全不懂眼前的孩子，不懂他们的思想，不懂他们成长的速度，不懂他们学习的方式。我唯一能参考的，就是教案大纲，还有听其他老师的课，看他们是怎么讲的。如果就这样当一名教师，10 年以后，当我成为父亲时，我依旧不懂得自己的孩子，对孩子的教养完全陌生。

当我不再从事体制内的教职，而是从父亲干起时，当我今天已经非常了解我的孩子，再去看教师这个行业时，我自然有更直观清晰的关切和疑虑。人民教师这个职业不好干，其技术含量和难度都很高。我也清晰地认识到，成为一名高水准的教师，首先需要交付的教育成果，是自己孩子的教育。先懂自己的孩子，才能结合实践，检验理论。这样分析下来，我大致形成了这样一种观念：还没有孩子的年轻教师，作为家长一定要看清楚他们教学上的局限，因为他们并不真的懂孩子，但不一定没有高超的教学技术和值得尊敬的职业态度。同时，我们也要体谅和包容。而有孩子的教师，也未必真的懂孩子，因为他们的时间可能都给了别的孩子。作为家长，我们更应该理解体谅和包容爱护，更应该尊敬所有的人民教师。

从事超常教育的教师工作略有不同，更加繁重及艰难。比如，更早地让这些超常的孩子接触高年级的学科知识，小学 4～5 年级的孩子可能就要面对大量的物理学知识了。而越是面对超常儿童，反而对"慢"的诉求、对找准学习节奏的诉求越是强烈。"学而不思则罔，思而不学则殆。"身为一名被培养成超常儿童的孩子的父亲，我很清楚自己孩子的特点。他需要很多时间思考，绝不是常人认为的"学习机器"。他时而慢一些，有时候，节奏对了，就学得很快。但是，如果遇到那种急功近利毛毛躁躁的课外班老师，我的孩子和其他听不懂的孩子，在那种老师眼里都是一样的，听不懂、学不会。

不能拔苗助长！不能拔苗助长！不能拔苗助长！超常班的老师能如我一样了解我的孩子吗？当然不能。那么去追赶那样的节奏有必要吗？在普通学校，我也有把握让我的孩子成长、成就。因为我心里爱的是我孩子的全部，无关他的考试考分，无论别人怎样说，我都一直会深爱他。我也能带他，根据他的喜爱，在一年级就用可汗学院（Khan Academy）自主学习学会分数。为什么要冒险送他去那样的学校班级呢？另一方面的思考是，很多超常儿童的家庭教育，问题是很严重的。这样家庭的超常儿童急需与其匹配的超常班的专业教育，助其成长。这就是另外的故事了。

就我的孩子和我对孩子的深刻理解，以及其教育成长，我对超常儿童的培养存有疑问，也是因为看到了一些少年班孩子后期发展得不算成功的案例。这不是我的研究方向，所以，我只是从网络及书籍上获取一些信息，在这里分享，仅供家长们参考。以下的案例我没有采用化名，考虑的是，如果打算进一步研究的家长，可以去进一步查实究竟。

干政

干政是 20 世纪 70 年代末与宁铂、谢彦波齐名的三大神童之一。1978 年，三人同时被中国科技大学少年班录取，当时谢彦波 11 岁，宁铂 13 岁，干政 12 岁。

干政的家人自小发现他的学习能力惊人，2 岁半已经背下了 30 多首诗词，3 岁时能数 100 个数，4 岁会 400 多个汉字，8 岁能下围棋并熟读《水浒传》。（在今天，很多孩子能做到，但在那个年代，没有互联网，文化教育远不及今天，这组数据绝对是超乎寻常的。）

1978 年，年仅 13 岁的干政看到了一则关于天才少年宁铂事迹的报道，被深深吸引，下定决心自己也要考少年班。少年班招生时，主考老师问干政，把一个西瓜横竖各切多少刀后会留下多少块西瓜？答案的数字持续增大，越来越复杂，12 岁的干政很快就计算出结果，好像一台行走的"计算器"，直到招生老师大惊称其为天才。就这样，干政顺利通过招生考试，走进了中科大的少年班。

入学一年后，干政以优异的 CUSPEA[1]考试成绩择系进入中科大最

---

[1] CUSPEA 创始人是李政道及中国物理学界。全称：中美联合培养物理类研究生计划（CUSPEA，China-U.S. Physics Examination and Application），1979 — 1989 年间中国用来选拔派遣学生到美国攻读物理专业研究生的考试。当年通过 CUSPEA 计划出去的学子很多已经成长为美国知名教授和科学家。CUSPEA 联盟学者 2018 年在杭州成立了 CUSPEA 应用研究学院，并启动了 CUSPEA 青少年科技雏鹰计划。

好的系——物理系。之后在全国物理赴美研究生考试中取得第二名，获得前往普林斯顿大学攻读博士的机会，这一年干政 16 岁。

干政赴美后和导师的关系处理不好，最终发展到了关系极度紧张的程度，不得不放弃学业，连学士学位证也没有拿到就被迫回国了。回国后，干政和母亲生活在一起，隐居起来。

中科大物理系的一位老师得知此事后，很心疼，想挽救这个孩子，想方设法找到了干政，表示只要他愿意，可以回中科大读博士。可令人不解的是，干政拒绝了。几年之后，想通了的干政终于表示想到科大去工作，可是这一次校方没有同意。当时科大聘用教师的政策规定，博士文凭是教师的必备条件。

2000 年，上天再次给予干政一次可贵的机会。当年第一届带少年班的班主任、干政的恩师汪惠迪老师再次劝说干政去读博士，可又被干政拒绝了。最终，他与母亲一起隐居，不再面对外面的世界。据说，如今干政与母亲就居住在离中科大东区不远的居民小区。母子俩靠着母亲一点微薄的工资生活着。

与接下来介绍的"神童"相比，干政的早期发展还是顺利的，而下面的这位神童，不幸得多，他为了身边人的期待，过早扛起了太多的压力，最终不堪重负。

宁铂

在 20 世纪 70 年代，比起神童干政，宁铂的名气更大。

"你们看看我，我就是你们塑造出来的神童，可是我一点都不开心。"在一档节目中，宁铂一把抢过主持人的麦克风，当场质疑所谓的"神童"教育，全场陷入尴尬。

宁铂生于 1965 年。家中长辈很多都是知识分子。奶奶从他几个月大，就开始引导他一个个地去读书上的字。

　　在这样的家庭环境影响下，宁铂很快就展现出过人的学习能力。别人家的孩子还不会说话的时候，宁铂已经在背诵诗词了，3 岁会做数学题，4 岁可以独立阅读。刚上小学，其他孩子还在玩泥巴，他就在自主学习中医、围棋，读唐诗宋词了。

　　宁铂 13 岁时，父亲的好友倪霖，是江西冶金学院的教师，来家里做客。见到宁铂在看大部头的唐诗宋词，不以为然，就想考考他。出乎倪霖意料的是，无论是对诗词，还是对对子，13 岁的宁铂都对答如流。

　　倪霖立时觉得宁铂是少有的天才少年，如果按照当时的学习环境，很可能这个人才就被埋没了。为此，倪霖居然给时任国务院副总理的方毅写了一份长达 10 页的推荐信，向国家推荐宁铂这个未来的可塑之才。

　　那时，正是国家建设需要大量人才之际。副总理方毅很快就给倪霖回复："如属实，应破格收入大学学习。"没过多久，宁铂就被中科大录取了。宁铂入学没多久，赶上副总理方毅到学校走访。副总理记得宁铂，就把宁铂叫到跟前："听说你的围棋不错，要不咱们来两盘？"两局过后，输了棋的方毅大笑起来，拍着宁铂的肩膀说："未来可期啊！"宁铂因而声名鹊起。

　　倪霖较早注意到了问题，开始担心宁铂，就找他来叮嘱："你年纪还小，不要因为外面的评价就沾沾自喜，还是得静下心来好好学习。"而周边人的期望给了宁铂很大的压力，逼得宁铂不得不时刻努力，不得喘息。

　　在中科大第一年，宁铂在二十几名学生中，成绩一直名列前茅。媒体推波助澜，使外界对这个小神童更为关切。这让从小喜欢安安静静地看书学习的宁铂特别不习惯。他曾找过老师，诉说他的苦恼。但少年班的老师却只是敷衍地回答："你不要有压力，受到关注，证明你有这个能力啊。"

从老师那得不到理解的宁铂，内心烦躁，但又不得不强装"天才"的人设。

第二年，宁铂迎来他人生中的第一次本应属于自己的选择。少年宁铂特别喜爱天文学，中科大没有这个专业，他就想转校到南大去读。但学校方面却不愿意放手这个明星学生，拒绝了他的申请，并明确地告知他："既来之，则安之。"

宁铂被迫选择了当时热门的物理系。宁铂并不喜欢物理，也不擅长物理，但迫于学校和家长的一再坚持，他只能就范。如果宁铂身上没有"神童"的标签，就能选择自己热爱的方向，就很可能做出一些举世瞩目的成绩，为国争光。

但现实中，面对这个"神童"，周围人一点都不在意他的真实想法。所有人都认为对于神童宁铂，天文、物理，无论哪种专业，都不成问题。

只要头脑中想到父母失望的表情，想到老师恨铁不成钢的埋怨，宁铂就会感到害怕。一次物理专业的考试，宁铂的成绩只排在中等。成绩一出来，他就明显感觉到周围人对他态度的变化，他变得有些自闭，性格也有些激进，上课当面顶撞老师。他或许想以这种方式，来证明自己仍然是个天才。

丧失信心的宁铂，尝试说服父母答应自己换学校的请求，却得到父母这样的回复："你就应该活出别人所期望的样子。"父母的话将他推入世俗的深渊。

本科毕业后，宁铂选择留校任教，当了一名物理老师。那时他只有19岁，成为新中国成立以来最年轻的大学老师，这又成为大家热议的事件。

在外界看来的成就，但在系内、在宁铂的心里，却是截然相反的一出。

其实，毕业前夕，班上很多同学都已着手考研究生。在众目睽睽之下，宁铂没办法不选择考研究生，也做了准备。但就在考试前，宁铂选择放弃，表示自己没有准备好。第一次这样还能说得过去，但随后的两次研究生考试，宁铂都是在考试前选择放弃。那时候，全世界就只有宁铂自己知道，他太害怕失败了，他完全不敢再面对任何的失败。

就这样，带着对自己的失望，在磕磕绊绊中苦熬到了本科毕业，既没有突出的成绩，也没有继续深造的机会，只能选择留校当老师。

不明真相的媒体，此时再一次将宁铂推上舆论的风口浪尖，让这位新中国成立以来最年轻的大学老师，不得不硬着头皮继续往前。他开始尝试考托福，但是考了三次都没有考上。

这时候的宁铂清楚地知道，他只能选择放弃了。"天才"这个称呼，早已离他很远了。

谢彦波

谢彦波的命运，无疑是三位神童中最好的。

谢彦波，中国科学技术大学 1978 级第一期少年班学生、中国科学技术大学物理学院近代物理系副教授。研究物理学中的群论。

1 岁那年，谢彦波被送到乡下，跟奶奶一起生活，快到入学年龄，父母才把他接回城里。

上学后的谢彦波仍然不喜欢开口讲话，老师问他问题，他也不回答，这让老师感到头疼，老师把谢彦波的表现告诉了他的父母。谢彦波的父亲便指导他自主学习。谢彦波小小年纪，自律性却很强。他给自己安排了一个严格的作息时间表：每天早上 6：15 起床，经过十几分钟的体育锻炼，然后开始学习。放学回家，首先完成学校布置的作业，然后吃晚饭。晚饭后玩一小会儿，就开始学习数学 1 小时，8：30 睡觉。天天如此。他每天坚持 5 个多小时的看书学习，学累了就去滚滚铁环。就这样，读小学三年级时，谢彦波就已经把初中的数学攻下来了，四年级学完了高中的数、理、化。到五年级时，谢彦波开始钻研大学的解析几何和微积分，解答了数以千计的习题。

只有小学毕业文凭的谢彦波，后来参加湖南医学院子弟中学高二年级的数学竞赛，获得了第二名。参加长沙市高中生数理化竞赛，也取得了好成绩。

谢彦波的名字被越来越多的人熟知。中国科学技术大学派专人来对他进行面试，结果发现他的数学相当于大学一年级水平，其他各门功课也都达到了高中毕业水平。科大录取他进了少年班。谢彦波提前一年大学毕业，15 岁考取了中国科学院理论物理所的研究生，成为国内年龄最小的研究生。1987 年 12 月，谢彦波获得了博士学位。

荣誉的背后，谢彦波也同干政和宁铂一样，遇到了"早成"带来的人生困境。

谢彦波年龄小，自理能力较弱，不懂得如何与人交往。但幸运的是，谢彦波感受到诸般困扰的时间比起宁铂要晚得多。他回忆说："在少年班的最初阶段，因为我年龄还小，所以对外界的宣传没有太多的感觉。"所以，顺利度过第一个学年的谢彦波，一定程度上打牢了学业基础并如愿选择了自己喜欢的物理系。从此，这个系着红领巾的大学生的潜在天资得到了充分发挥，一路成绩骄人，直到毕业。

谢彦波从入学时起，他的老师和同学们对他的担忧就从没消失过。"人际关系这一课，心理健康这一课，整个班级的孩子都落下了，他的问题尤其严重。"汪惠迪老师说，"他们在上学时没能养成好的心态，没有平常心。这种缺陷不是一时的，而是终生的"。与此相应的是，一些当年的少年班成员承认，他们缺少人际关系方面的能力。"这是没办法的事情，"少年班同学秦禄昌说，"一旦过了那个年龄，这一课就永远补不上了。"

1982 年，谢彦波 15 岁大学毕业，开始在中科院理论物理研究所跟随于渌院士读硕士，18 岁跟随中科院副院长周光召院士读博士，被看好在 20 岁前能获得博士学位。不过，这段最为春风得意的时光，却成为他人生转折的开始。

"他没能处理好和导师的关系，博士拿不下来，"汪惠迪说，"于是转而去美国读博士。"在美国普林斯顿大学，谢彦波可谓因祸得福，得以跟随大名鼎鼎的菲利普·安德森教授学习。后者在 1977 年因为在凝聚态物理研究方面取得突破而获得了诺贝尔物理学奖。在沃德罗普的著作《复杂》中，这位教授被描述为一个深邃而傲气的人。在安德森看来，谢彦波的性格中有着令他无法容忍之处，那就是这孩子比自己还要傲气。谢彦波回忆说："我的论文不讨安德森的喜欢，因为写的是他的理论的不对。"

在普林斯顿的中国同学圈子里，谢彦波与导师不睦，渐渐成为公开的秘密。本来，事情并非毫无转机，可是恰在这时，发生了轰动一时的北大留学生杀死美国教授事件。当人们意识到应该避免类似事件的再次发生时，谢彦波被怀疑为潜在的危险。中国科学技术大学的一位副校长决定让谢彦波回国，这意味着后者留学生涯的结束。这件事情后来在中科大内部争议颇多。

铩羽回国的谢彦波很快结了婚，没有什么积蓄，分到了一套楼下总是有人打牌的小房子。在持续不断的烦恼中，用了将近 10 年的时间，曾被很多人看好的"未来的诺贝尔奖得主"，才终于面对现实。

以上就是我对超常儿童的一些记述。虽然我也是一名超常儿童的父亲，但我要幸运得多。因为我在这个方向上花了不少时间钻研，也有我年少时的真实体会，我经历过教育不当而遭遇的坎坷，又是就读师范的专业教育者。随着读书日多，钻研更深，我对自己孩子的培养，格外注重科学、自然。在我和孩子妈妈的护佑之下，任他自然成长，多结交朋友，除了智力能力的提升，更注重情感智力的培养。在孩子的家庭培养方面，务求做到德智体美劳全面发展，五育融合，从长远处见未来。

与古人的对话——古文何其重要

人文素养不可谓不重要。习古文，不应只是背诵。让孩子日背古诗，背下 300 首，又怎样？要让孩子可以和古人对话，对古人的智慧有所感悟，产生共鸣，才是重点。

其实，对于古文和数学之间的联系，我并没有特别深入的研究，但一定不能忽视的是事实案例。丘成桐、华罗庚、张益唐，很多数学大师的古文功底都不低。

为什么研究数学的人，还有精力日习古文？或者，可以这样想，很多作家都有散步的习惯，因为散步之后，即便灵感枯竭之时，也都会萌发一些新的灵感思路。我的深刻体会是，每次接送孩子昀昀步行于家和学校之间时，我都会文思泉涌，到家恨不能马上提笔书写。也许，相似的道理，古文的学习可以极大地促进数学家的数学能力。而且，另有一种说法，古人的很多科学、智慧都以古文诗词的形式流传了下来，读古文诗词，其实就是和古人的智慧发生共鸣。借古人对世界、对自然的理解，借古人的智慧，去体会自然的美丽，回答数学的难题。

从 2021 年年底开始，我的文史老师，也就是我的妻子，开始全力地着手帮助孩子昀昀在古文诗词方面深入学习。

除了人文情感与数学科学的内在相关联，我也特别看重通过古文学习，而养成孩子对中华民族发自内心的热爱。如居里夫人在自传中写道：几个孩子围在父亲膝下，听他朗诵本国的著名诗词和散文。那样的夜晚其乐融融，而且爱国主义的情愫在不知不觉中日益增强。

我希望自己的孩子也能走入对人文历史的热爱中。就算带着一份私心吧，2021 年，我与人民日报社《国家人文历史》杂志共同制作了《孩子们喜欢的中国史》系列音频故事。这个系列是我心里的一份骄傲，要让孩子心里"有根"：热爱祖国。

分享其中我非常喜欢的一段文字——

六扇门

当我们知道诸子百家，知道儒、释、道三教合流，知道仁、义、礼、智、信，知道阴阳、五行之说时，我们缓缓打开了第一扇认识中国的大门。这是一扇传统之门。

当我们知道秦皇、汉武，知道曹操、关羽，知道李白、杜甫，知道杨家将、岳家军，知道郑和、林则徐时，我们缓缓打开了第二扇认识中国的大门。这是一扇历史之门。

当我们知道《论语》《孟子》，知道《道德经》《孙子兵法》，知道诗词歌赋，知道亭台楼阁，知道琴棋书画时，我们缓缓打开了第三扇认识中国的大门。这是一扇文化之门。

当我们知道龙凤、祥云纹饰，知道汉服、唐装的优美，知道婚丧嫁娶的礼节，知道清明节、重阳节，知道为什么吃粽子、吃月饼时，我们缓缓打开了第四扇认识中国的大门。这是一扇习俗之门。

当我们知道古琴有《高山流水》《平沙落雁》，知道国画有《清明上河图》《千里江山图》，知道有宏伟的龙门石窟、敦煌壁画时，我们缓缓打开了第五扇认识中国的大门。这是一扇艺术之门。

当我们知道道法自然、天人合一，知道格物致知、修齐治平，知道中庸之道、无欲则刚时，我们缓缓打开了第六扇认识中国的大门。这是一扇思维之门。

六扇大门全部敞开。

当昀爸，就是我，我的朋友熊宝，还有各位小朋友们，咱们一起听完接下来的101个中国故事，打开六扇中国的大门之后，我们不但成了好朋友，还能一起认识中国、理解中国，成为一个真正的中国人。

　　在那次丘成桐的采访中，他回答光明日报出版社《光明少年》记者的问题时，提到了"偏科"。他也认为，好读书、勤学习、求学问的好学生是不会偏科的。偏科的才，不一定能成为大才。

　　当然，不偏科的另一面，绝不是"琴棋书画"样样精通。如果父母给孩子填充得太满，让孩子在学校之外，对美术绘画、歌唱朗诵、琴棋弹唱、游泳打球太过执着，那很可能把孩子的精力耗尽，也不得半点成长，反而拔苗助长，甚至到厌学逃学的地步也说不定。

妙 法

当你俯身下来，其实可以看到这个世界上最美的风景，
那是孩子眼中语言学的真相。

——窦羿《改变，从家庭亲子阅读开始》

应对焦虑的妙法

他们的孩子是人类的孩子，不是机器的孩子，所以，孩子启蒙成长的环境和过程中，使用的科技成分越少，孩子未来成才的可能性就越高。

天时、地利、人和俱足，孩子的数学之路一定能通向远方。父母对天时、地利、人和的诸多思考，其实更像是对孩子成长发展的哲学思考，烂熟于心后，我们就可以开启妙法篇章了。

做父母的怎么可能不焦虑呢？焦虑是思考"问题解法"必然经历的心理过程所生成的果。焦虑也是一种力量，父母完全可以化焦虑为力量。良性的焦虑，反而是推动父母向上的不竭动力。我从孩子出生后，每一天都焦虑，良性地焦虑。在几近完成妙法手稿的时期，我的焦虑是在如何平衡孩子的护眼和阅读学习上面。按照眼科医生的说法，每天要保证两小时的户外时间，眼轴伸长保证在 0.1 个单位 / 年，那就不会戴上眼镜。

某一天早上，我和昫昫妈妈探讨，我说从我的"琴童"那篇文章，我们都看到，孩子可以到达第一种人生的阶段。既然已经具备了那么好的智力能力，肯定要开始真正的数学学习了，每天练习时间都得三五个小时。我们不能过度焦虑于护眼的结果。我们做足我们的功课，其他就看命运安排吧。历史上，做理论研究取得大成就的科学家，很少有不戴眼镜的。昫昫妈妈也表态，那我们的期待是，至少初中之前，孩子不要戴上眼镜。你看，这样算下来，还有 9 年的时间。等 9 年过去，孩子高一的时候，如果还没有戴上眼镜，那我们的这份念想、这份期待就算是有了着落，因此而产生的焦虑也才能化解。

做父母的，怎么可能不焦虑？越是陪伴孩子时间多的父母，越是对孩子悉心照顾的父母，越是深爱着孩子的父母，越会焦虑。我所理解的应对焦虑的妙法就是：1.焦虑的对象要科学合理，也就是良性焦虑；2.焦虑可以化为力量；3.焦虑不会成为孩子成长的压力，不会限制孩子发展的空间。

很多父母认为孩子的数学不好，其实是把焦虑用错了地方。前面，我们分析了何为数学。数学绝不是算算术。但是，总有一些因素影响父母的认识和判断。你会看到有培训班把"教孩子不再用手指数数"也做成了课程。殊不知，孩子用手指数数是多么重要的启蒙必经之路。

数学，肯定不是算术。丘成桐在一个节目中针对主持人撒贝宁的一道"网红数学题"说："我们数学家对加减乘除都不大懂的。"

并不是说孩子很小就能口算多么复杂的四则运算题，就是数学能力的表现，或者未来就能成为数学家，不是的。而很多父母、很多机构都促成了这样的一种衔接。以至于很多父母都会逼着孩子在很小的时候花费大量的时间练习数学四则运算。这既浪费了孩子的时间，又打击了孩子的积极性。

2 岁就开始拼图，能拼一些简单的拼图积木；3 岁能拼厂家建议 6 岁＋玩的拼图积木；5～6 岁花一段时间，在轻松的氛围中，在父母没有逼迫的前提下，学会玩魔方和汉诺塔，这些都是孩子数学能力的展现。

按照德智体美劳的要求，在家里不紧不慢地陪着孩子玩，关注孩子的智力能力发展，孩子就有

昀昀 2 岁半玩拼图

可能擅长数学。而数学能力的展现，也是智力能力达到了良好水平的一种评判标准。

"慧阅时巧久"这一数学才能培养的结构中，最大的、最重要的板块是阅读。阅读既是一种智力能力，同时也和其他智力能力互为发展基础、提升方式和衡量的依据。

"阅读"是唯一有效的学习方式。从 20 世纪 70 年代三大神童的案例中可以看到，"学霸"大都不是天生的，只是比其他孩子在起步阶段多读了一些书。

很多人都因为一个"谎言"困顿了一生，甚至困顿了几代。

很多人都觉得那些考名校的孩子，记忆力更好，理解力更强，所以学习更好。其实并不是这样的。所有的孩子都一样，只不过那些"学霸"在起步的时候，多读了一些课外书，找到了如何使用大脑的方式和感觉。可惜的是，受功名利禄的诱惑，一旦找到使用大脑、考试拿高分的"捷径"，这些因为读书而懂得学习的孩子，只顾考试成绩而不再阅读了。

一个谎言——背诵，流传至今，心理学家早就知道真相，为什么也像哥白尼那样"偷偷研究"？

背诵如果用来检验大脑对知识信息的记忆，或许无可非议。但如果作为动词，那就是对于大脑、心理和人类智慧最大的伤害了。

我们都可以试试记忆 300 位圆周率，方法很简单，不是一次用一小时，反复死记硬背，而是看一眼，试试能不能记住 5 位、10 位、100 位，时间不超过 3～5 分钟。明天再来，当作一种"玩儿"。一个月，或者更快就记住 300 位了。而且一旦记住，你总不免"扬扬得意"，总不免背一背，炫耀一下自己大脑的能力。如此一来，记住的信息，无论是怎样的"庞然大物"，日后甚至一生也许都很难忘记。

一首古诗读一遍，知道大体意思，不要死记硬背。记不住很正常，改天再读、再记。这样一旦记住，你就会为你的大脑而感到骄傲，扬扬自得。"好读书，不求甚解；每有会意，便欣然忘食。"

玩魔方，玩汉诺塔，玩 π，都是希望父母和孩子体会到"正确使用大脑"的乐趣，以及"读书不求甚解"的奥义。

理解了以上内容，很容易发现阅读何其美妙。读书人不为考试不为功利而读，为乐趣而读。投入阅读，玩得正兴的人，不会纠结"这段背没背下来"，而是全身心投入。于是，你会发现，会读书爱读书的孩子，"记性"比不会读书、不爱读书的孩子更好。也许花更少的时间学习课业，而成绩依旧相当不错。

"妙法"也由此展开其全貌……

如何让 13 岁的孩子管理国家

记忆是思考的残留物

"当下必须记住"，这是不可能的，它违反人类大脑的运行方式。因为这涉及工作记忆（Working Memory）、短时记忆（Short-Term Memory）、长期记忆（Long-Term Memory）等的协同配合。让孩子反复念多遍古诗，以求立刻背诵下来，这是非常低效的对孩子大脑资源的浪费。科学的做法是给孩子阅读诗文，然后大致讲解诗文的意思，和孩子简单互动，但界限明确，互动一定不是考核和强逼。如果孩子一个字都复述不出来，那也没有关系，放一放，再去学习别的。

有一个前提无论如何不能触碰：学校的教育是最好的教育。这个前提毋庸置疑，也绝不可以有一丝一毫的质疑。只有接纳这个前提，我们父母才可以痛快地开始就孩子的家庭启蒙培养做一些事情。原因也可以大体说两句。我们试想，如果过于纠结学校教育的品评，我们父母又能做些什么呢？除了无度的要求和不切实际的幻想，平添焦虑不说，最终都一定落不了地，也就沦为妄想。浪费时间，平添烦恼。而且无论从哪个方面，父母看学校教育，都应该认为其无可挑剔。

有了以上的前提，接下来，作为家长，我们应该如何看待孩子的学习？

我带大家做一道选择题，在一部两小时的商业片和两小时的学术讲座之间做选择，家长们会更喜欢哪个？我相信很多人会选择前者。因为商业片更有意思。好的商业片全程"无尿点"，更精彩的影片可以带动观众大喜大悲。既然选择了商业片，那再问：看完全片，如果马上回忆一下影片讲了什么，大家能记得多少内容？90%、70%、50% 还是10%？有多少观众可以梳理出一条故事线索，有多少观众可以在故事线索上把精彩部分一一道出？这应该是极少数人可以做到的。如果说精彩的桥段都记不住的话，那就更不用说那些平淡无奇的铺垫。而且，"精彩"也是因人而异的。两小时的学术讲座，在课堂上的每一节课，应该说都是平淡无奇地娓娓道来。

再看商业片的特点，是技术含量极低的（关于"技术难度"与观赏性之间的关系，前篇已经论述过）。只有技术含量低，观众看起来不需要费力思考，才可能赏心悦目。但即便影片赏心悦目，观众最后也几乎记不住多少具体内容。更何况是一堂讲座，或是一堂 45 分钟的课程。

为什么观众刚刚观影完毕，却记不住多少内容呢？有三个原因可以参考：1. 记忆是思考的残留物，没有思考，就没有记忆；2. 没有思考相伴的视觉听觉的记忆，持续时间极短；3. 人的专注时间长度有限。接下来我分别论述以上三点：

1. 记忆是思考的残留物（Memory is the residue of thought）

如果不对事情进行一番思考，大脑就不能把接触到的信息存储为可被调取的长期记忆，看到的、听到的、感觉到的都会被很快遗忘。

威林厄姆博士在《为什么学生不喜欢上学》中举了这样一个例子：

You have seen thousands of pennies in your lifetime—a huge number of repetitions. Yet, if you're like most people, you don't know much about what a penny looks like. [1]

成千上万次接触硬币的时候，大多数人没有一次看硬币，对其图像进行过思考。

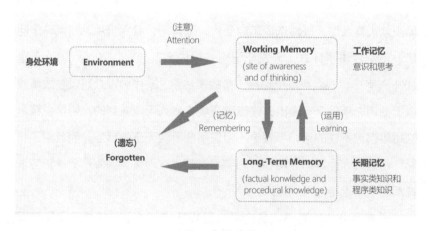

大脑工作模型图

---

[1] Daniel T. Willingham：*Why Don't Students Like School?* John Wiley & Sons Inc，2010，P59.

就是说，我们看到过无数次硬币。那么，我们对于硬币的认识，应该是巨量的反复"复习"了吧？但读到这里，我们停下来，回忆一下，你能详细记起硬币的样子吗？对很多人而言，应该是完全回忆不起来的（当然，也一定有少数的例外情况）。所以，书读千遍，其意自现，是不能尽信的。如果一直完全不假思索地反复背一首古诗，以求孩子记到头脑里、记在心坎儿上，那花费的时间未免太多，实在是一种浪费。

2. 没有思考相伴的视觉听觉的记忆

Iconic（eye-KON-ick）memories（visual sensory images）are typically stored for about a half second(Keysers et al., 2005). Similarly, when you hear information, sensory memory stores it as an echoic memory for up to 2 seconds.(Haenschel et al., 2005) [1]

图像记忆（视觉记忆）一般仅持续半秒钟。同样地，当人听到一条信息，感觉记忆会将其作为一种回声记忆储存最多 2 秒。

以上是丹尼斯·库恩教授在《心理学导论——思想与行为的认识之路》（第 13 版）中对于视听记忆的停留时间的论述。那种"过目不忘"的神话，我们做父母的完全不要在意。从科学上，对于"过目不忘"可能的解释，无非就是脑发展很好的孩子，在看听信息时更快、更专注地进行了思考。进而，结合已积累的数量庞大的长期记忆，工作记忆将信息进行处理并储存为长期记忆的效率被提升了，仅此而已。而为了"过目不忘"所做的拔苗助长式的过度训练，很可能会对孩子的身心造成极其恶劣的伤害，而且是不可逆的长期伤害。孩子在这方面一旦受伤，很难恢复。所以，我特别不推荐那种记忆力训练方面的培训和记忆力类

---

① [美] 丹尼斯·库恩著，郑刚译：《心理学导论——思想与行为的认识之路》，中国轻工业出版社 2012 年版，第 242 页。

的比赛。

3. 人的专注时间有限

1996 年，在《国家教学论坛》（*National Teaching and Learning Forum*）期刊上，美国印第安纳大学教授约安·米登多夫（Joan Middendorf）和阿兰·卡利什（Alan Kalish）对学生在课堂上的注意力变化进行了论述，认为年轻人注意力集中的时间有越来越短的趋势。而且，年轻人正在面对越来越多令他们分神的因素。约安·米登多夫和阿兰·卡利什发现学生需要 3～5 分钟才能静下心来，之后只有 10～18 分钟是精力非常集中的。之后，无论老师讲得如何精彩，课堂如何吸引人，学生还是会走神。之后，学生再次集中注意力，但时长有越来越短的趋势。到课程即将结束时，注意力集中的时长只有 3～4 分钟。①

综上所述，父母对孩子的学习态度，对学习的科学认识观念，是否需要做一些更新和调整？要求孩子必须死记硬背课程的内容并不合理。在心理上应该给予孩子更多的时间，以对新的学习内容进行思考和沉淀。

《超新星纪元》：讲述不可思议的孩子

应该如何正确对待孩子的学习，如何管理孩子的学习呢？刘慈欣有一部科幻小说叫《超新星纪元》，可以引出一些很有价值的思考。小说描述的是在一种极端情况下，社会对孩子学习的全新认识。

---

① ［美］萨尔曼·可汗著，刘婧译：《翻转课堂的可汗学院》，浙江人民出版社 2014 年版，第 15 页。

故事的背景：在离地球 8 光年①的距离上有一颗恒星，它的体积是太阳的 23 倍，质量是太阳的 67 倍。该恒星已步入晚年，被科学家称为死星。

在死星爆发化作亿万碎片的同时，强大的能量化为电磁辐射和高能粒子，以光速射向宇宙，扑向地球。高能粒子能对人体造成致命的破坏。年龄 13 岁及以下的孩子，可以部分或全部自行修复身体，从而侥幸存活下来。但在一年之内，大人将不复存在，世界交由孩子管理。

自此，全世界的大人都在忙着让孩子学会如何接手整个地球。小学生学习驾驶推土机、坦克、战斗飞机，学习如何耕种、如何作为邮差寄送信件、如何管理整个庞大的大型发电站。发电站的总工面对还在上小学的儿子，完全慌了手脚，安培和伏特这些电流电压的单位，儿子都还没有学过，他到底该如何把自己几十年的经验和技术在短短的几个月内悉数传授给他的儿子？

但在故事中，也同样可以看到，经过三五个月的学习，有的孩子真就学会了如何熟练驾驶坦克，小学生已经能驾驶歼 - 8 熟练地飞翔在碧海蓝天之上。

我经常和我的文史老师，也是我的妻子讲，相比历史书籍，我更喜欢科幻小说。因为历史书卷展开来的是过去，启迪的是未来，而科幻小说直接就讲未来。当然，我绝不相信"超新星爆发"这样的灾难会发生在我热爱的地球上。但这部小说却给了父母非常难能可贵的启发，不是吗？它再次让我们关注到学习的本质！我们还记得学习的本质是什么吗？是学以致用，发展人类文明，让人类的时代更加辉煌、更加久远地延续下去。既然如此，那就不能为了学习而学习。

---

① 光年是一种长度单位，一般被用于衡量天体之间的距离，是光在宇宙真空中沿直线经过一年时间的距离，这个数字为 9.46 万亿千米。因为天文数据太过庞大，需要更大的单位进行描述。

　　我们经常在生活里看到"表演"英语的孩子，他们为了读准一个单词而过度练习，为了听上去像是外国人的发音而过度练习，但这有什么实际的意义或者价值呢？让孩子学习外语，用外语涉猎群书，那没错，而且相当有用。但如果就为了读准一些单词，读得和美国人、英国人一样标准，意义何在？能靠这读准的发音，提升人类的生产力？还是能加快经济发展？还是能以什么我们不知道的方式造福人类？学英语不应该是这样。应从实用的角度，学以致用。学习英语，或者任何其他语言的目的，不是为了能读更加专业的书籍、学更加艰深的学问吗？

　　当我们给孩子做早期启蒙，帮孩子做课业辅导，为孩子规划大学专业、就业方向的时候，"学以致用，不是为了学习而学习"这样的原则，是否能一直放在心里？如果真是如此，那很多事情都将会发生变化。

好学生不读书：孤儿院里的象棋高手

　　如果只看学生的学生成绩，父母的教育观念就有偏狭之嫌了。孤注一掷的教育方式是危险的。比如，在 6 岁前，逼着孩子背诵 300 首唐诗宋词，一定要让孩子在入学前认识 1000 个以上的汉字，非得把孩子培养成足球高手、篮球悍将。或者，朝着另外一个极端，非要散养，把孩子放到山上，什么都不教，就让孩子疯玩。这样教育的危害，会在孩子入学后，随着年龄和学业的不断精深而日益显现。

　　有的孩子在小学一年级时，可能确实比其他孩子多认识了 1000 个汉字，但他已经在过度学习的过程中经受了身心的折磨，学习的兴趣比其他的孩子弱了很多，甚至完全没有了。一个拿了奥林匹克数学竞赛冠军的孩子，以最快的速度转向绘画，从此再不碰数学，那之前学习数学的意义是什么呢？

　　仅聚焦于学业成绩的所谓好学生，比如，那些上着不错学校的大学生，很多都已经不再读书了。或者，因为父母对于成绩的过度热衷，这些可怜的孩子终其一生，也没有真正读过书。极端情况下，不良的教育方式和偏狭的教育方向能最快速度地得以体现。《超新星纪元》中描写的被选拔出来管理国家的孩子，都是在德智体美劳均衡发展方面非常优秀的，且心智极为成熟的孩子。一个父母自小告诫"只要学习好什么都不要管"的孩子，饭来张口衣来伸手，不具备基本生活自理能力，只会在考试中拿高分的孩子，怎么可能让他来管理国家？他自己还需要有人天天在身边伺候。这样的孩子，如果遇到像贝丝（Beth）那样的人生境遇，怕是会早早败下阵来。

　　贝丝就是一个真正读书的孩子，她读书有非常强烈的目的，特别会学以致用。贝丝的父亲因和她的母亲感情不和，抛下了她们母女。贝丝在 8 岁时，母亲在意外车祸中不幸身亡，她被送进了孤儿院。在孤儿院，她无依无靠。因偶然邂逅了在地下室自己下棋的工人夏贝先生（Mr. Shaibel），贝丝的命运发生了改变。贝丝会经常偷偷到地下室找夏贝先生下棋，并且逐渐地痴迷上了国际象棋。贝丝的极度专注和投入，以及非常快速的棋艺成长震惊了夏贝先生。夏贝先生不仅把贝丝介绍给了当地象棋俱乐部的负责人甘兹先生（Mr. Ganz），让贝丝得以真正走进"象棋的圈层"，还送给贝丝一把非常重要的开启象棋世界大门的钥匙：《现代国际象棋开局》。通过阅读这本书，通过甘兹先生带她去参加更多的象棋大赛，贝丝学以致用，用阅读和下棋改变了人生。最终，贝丝成为世界顶级的国际象棋大

昀昀自学国际象棋

师。靠着阅读、学以致用，贝丝力挽狂澜，改变了人生。

完全失控的少年爱因斯坦

以上这个故事来自小说《后翼弃兵》，作者沃尔特·特维斯（Walter Tevis）。故事发生在 20 世纪 50 年代。我们的镜头，沿着时间长河逆流向上，往前推进 60 多年，一个叫阿尔伯特·爱因斯坦的 5 岁男孩映入眼帘。镜头里，他正用椅子追打家庭女教师，下手凶狠。沃尔特·艾萨克森（Walter Issacson）在他撰写的爱因斯坦的传记中，尖刻地描述了对爱因斯坦少年时代或者说一生"缺少人性"或者异于人类基本面的事实：

To use the language of a psychologist, the young Einstein's ability to systemize (identify the laws that govern a system) was far greater than his ability to empathize (sense and care about what other humans are feeling), which have led some to ask if he might have exhibited mild symptoms of some developmental disorder. However, it is important to note that, despite his aloof and occasionally rebellious manner, he did have the ability to make close friends and to emphasize both with colleagues and humanity in general.

从心理学的角度，我们看爱因斯坦年少的时候，其系统性认知（对于系统性的认识及相应的支配规律）的能力，要远远超过他的"移情"的能力（体察并能在乎他人感受的能力）。甚至有不少人怀疑他有一定程度的发育障碍。不过我们应当看到，尽管他不大合群，偶尔会有叛逆的举动，但他还是能够交到一些亲密的朋友。总体上来说，爱因斯坦也能够体贴同事，对整个人类也还是有悲悯心的。

沃尔特·艾萨克森的表述里，似乎多少把爱因斯坦和其他人分了开来。爱因斯坦也许是很多年轻父母小时候所期望的榜样，可这个榜样却在和他人的相处方面一直都有这样那样的问题，也因此付出了很大的代价。按照弗洛伊德的心理学的溯源方法，我们可以看到，爱因斯坦的童年及少年时期的经历，很可能影响了他的人生发展走向。比如，1886 年前后，爱因斯坦就读于德国慕尼黑市中心的一所天主教小学，那里反犹太思想是很严重的。作为班里 70 个同学中唯一一个犹太人，在上下学的路上，爱因斯坦常常饱受他人的嘲笑、人身攻击和辱骂，而爱因斯坦的父母对此却丝毫不在意。

爱因斯坦的妹妹玛雅（Maja）回忆说："生为爱因斯坦的妹妹，你必须有一个坚硬的脑壳。"（暗示爱因斯坦经常用东西砸她。）

通读爱因斯坦的传记，查阅他的人生脉络，不难看出，儿时的爱因斯坦缺少的绝不是教育和管束。

爱因斯坦小时候家境殷实，住在德国慕尼黑郊区一套带有漂亮花园的大房子里，花园里还有好几棵大树。

他整个童年都在这里度过。他的父亲在数学上有一些天赋，母亲继承了她父亲的财富，还有音乐方面的天赋，在钢琴方面颇有造诣。

爱因斯坦很小就能和母亲一起演奏莫扎特的小提琴曲了。生长在如此教育环境优越的中产阶级家庭中的爱因斯坦，缺少的是爱。

3 岁的玛雅和 5 岁的爱因斯坦

没有得到父母足够的拥抱、亲吻、体贴和爱的爱因斯坦，会因为父亲送他一个指南针，激动到浑身颤抖、手脚冰凉。他自小缺乏安全感，而后把安全感建立在对"时空"的研究上。但在那个空间里，没有父母的温度，这是很令人悲伤的。

他在大学物理课堂上，结识了塞尔维亚籍的女孩米列娃·马里克

（Mileva.Marić），并迅速坠入爱河。他们婚前育有一女，婚后又生了两个儿子，最终，爱因斯坦以他未来的诺贝尔奖奖金为条件，要求米列娃同意离婚。妻子在思考了一周后，同意离婚。在离婚 17 年后，爱因斯坦迎来了属于他的诺贝尔奖。

2 岁时，爱因斯坦的家人认为他语言发育迟缓。这时候，最需要保护的小小的爱因斯坦，却被家里的保姆嘲笑为"der Depperte"（笨瓜），家人则过分地嘲笑他是"逆成长"。因为这样的环境压力，小时候的爱因斯坦，会在说话之前反复练习，而且形成了每个小句子都反复碎碎念的习惯。

语言发育迟缓、身边人对他的过度在意，以及对语言发展的不信任，让爱因斯坦逐渐产生了挑战权威的心理。这样的叙事里，我相信弗洛伊德也一定会认同我的观点：爱因斯坦的父母，没有很好地给予他在困境时所需要的温暖的怀抱和爱。但同时，也塑造了爱因斯坦的"天才"人格：对学到的一切知识都抱有怀疑的态度。

语言，最终把他囚禁在自己的世界里，家人没有及时发现他心理发展的趋势，没有做任何修正。由此，让爱因斯坦终其一生，"困"在自己的世界里，却以超凡的专注，以接近第三宇宙的速度，远离太阳系，终生致力于研究"时空"。

最终，伟大的科学家爱因斯坦，他的灵魂没有传承、没有延续，只不过是人类历史上的一次闪亮、无比孤单的一个小亮点。他的父母没有给孩子足以传承的爱，再亮的星星也只是颗孤星。孩子成年后，当然也会追寻爱，但是爱因斯坦对爱却无法理解、无力驾驭。

还有一些琐碎的回忆：

和同龄孩子在一起的时候，他会觉得这些孩子很吵，会选择一个人独处。即使有吵闹的妹妹在身边，5 岁的爱因斯坦也可以极其专注地用扑克牌搭房子，搭到 14 层。

爱因斯坦的父亲赫尔曼（Hermann），数学很好，但是因为特殊原因没有上大学，试图经商，却发现完全不是这块材料。但是赫尔曼性情特别温和，正好和富商保琳·科赫（Jylius Koch）强势的女儿互补，并最终组建起了一个"和谐的家庭"。

1879 年 3 月 14 日 11：30，赫尔曼夫妇的第一个孩子降生，是个男孩。

本来他们想叫这个孩子阿尔伯特，但是后来觉得这个名字有"犹太味道"，就保留了名字打头的大写字母 A，取名阿尔伯特·爱因斯坦。

跨越时代的悲伤里，也有阿尔伯特·爱因斯坦和居里夫人的共情与友情。

童年的培养让居里夫人可以在战争中无所畏惧

玛丽·居里（Marie Curie）从奥地利的圣约阿希姆斯塔尔炼铀厂以极低的价格购买了数吨铀沥青矿废渣，在一间有一个很大的玻璃天窗、上面有多处裂痕、下雨就会漏水的废弃木棚，和丈夫皮埃尔·居里（Pierre Curie）吃住在此，每天用和体重不相上下的铁棒搅动沸腾的沥青铀，结晶、分离、浓缩提取镭元素。这就是居里夫人发现镭的过程，这个过程居里夫妇花了整整 4 年。如果设备精良，也许一年就够了。但这就是玛丽·居里的特点，朴实无华中诞出世间奇美的花。1903 年，居里夫妇因发现放射性和放射性元素，而和他人共同获得诺贝尔奖。

因居里夫人发现了镭，一个崭新的医疗分支——镭疗法（在法国称为"居里疗法"）在法国诞生，第一家制镭的工厂在法国建起，最大的一家在美国建成。制镭业随后发展起来，日渐兴盛。

居里夫妇一向拒绝从自己的科学发现中获取任何物质利益。在成功提取出镭后，他们马上毫无保留地将提取镭的方法公之于众。既没有申请专利，也没有向用该方法谋利的企业提出任何利益方面的要求。正是由于居里夫妇无私地公布了复杂而精细的镭提炼方法、程序，镭工业才得以迅速地发展了起来。

1910 年，皮埃尔·居里因车祸离世的第四年，居里夫人被授予法国荣誉骑士勋章。他们夫妇生活向来俭朴，淡泊名利。当时，居里夫人的实验室不仅少了皮埃尔·居里，也极度缺少资金。为了改变窘境，居里夫人只能参加巴黎科学院院士的竞选，因此必须挨个拜访在巴黎的所有院士。居里夫人厌恶这种挨个求人帮忙的社交和处事方式。最终，因为一些老院士反对接纳女性，居里夫人落选。居里夫人表示不会再参与院士评选。她认为，选举本应按申请人的业绩衡量，根本不应自己奔走，私下交易。有些学会，在居里夫人并未申请的情况下，因她的业绩而主动授予她会员的资格。

1914 年，战火蔓延到巴黎，德国对法国宣战。居里夫人受政府指令，把实验室贮存的镭从巴黎运送到波尔多。在居里夫人的自传中，她回忆到达波尔多时，携带的保护镭的箱子太重，自己根本提不动，只能在站台等待接她的人。

在居里夫人的自传中，总能看到这样"普通"的言行，这让人能清楚地看到，她没有三头六臂，也是肉体凡身，却因为有着高尚的品格和坚持不懈的努力精神，在战时也能英勇无敌。

战争爆发后，军队所有的医疗部门都没有 X 射线治疗设备，也没有这方面的技师。居里夫人在红十字会和"全国伤病员救护会"的帮助下，建起了 200 多个 X 射线医疗站，装备了 20 辆流动 X 光医疗车。X 光透视车是居里夫人在战时的应急发明：把一台 X 光设备和一台发电机固定在一辆普通的敞篷车车厢里，利用汽车的发动机带动这台发电机发电，以供应 X 光设备所需的电力。只要哪家医院有需要，就可以把 X 光设备开到哪家医院。居里夫人甚至亲自驾驶车辆，到救护站救援。有时候，她 17 岁已经就读于巴黎大学的大女儿艾莱娜会同她一同奔走。一位美丽的"乡间大脚"——朴实纯美的居里夫人和女儿在战场上留下了她们的英姿。

1867 年 11 月 7 日，玛丽·居里出生于波兰华沙。她是家里五个孩子中最小的一个。她的大姐 14 岁时病逝，母亲因此受到了巨大的打击。玛丽居里 9 岁时，深爱她的母亲也去世了。

居里夫人

给玛丽·居里心里留下强大的爱的力量的，是她的母亲以及懂得如何教育孩子的父亲。她的母亲是华沙一所女子学校的校长，在当时，母亲所从事的教育事业被认为是极其崇高的。母亲温柔纯朴，知识渊博，胸怀坦荡，严于律己，有很强的包容心，求同存异，不把自己的观点强加于人。玛丽·居里对母亲除了深爱，还有崇拜。

她的父亲是一位优秀的教师，特别懂得如何指导自己的孩子学习。父亲喜欢文学，熟记波兰以及外国诗人的诗歌。一到周末，孩子们都聚在父亲膝前，听他朗诵波兰著名的诗歌和散文。那样的夜晚，不但让年幼的玛丽·居里在记忆中留下了很多温暖欢乐的回忆，更让她自年少就在爱国主义的情愫中茁壮成长，最终成为无数人的榜样。

爱，作为"妙法"篇中最为重要的技术核心，起到了承前启后的关键作用。父母由了解家庭育儿启蒙的重要及其方方面面，进而发现自然的力量，同时明白要返璞归真。

在爱因斯坦和居里夫人的案例中，显然居里夫人是心理最完美也是心智最强大的一位。之所以如此，是因为她从幼年到青年都在父母的怀抱中，得到了强大的心理力量源泉——爱。

培养孩子成为数学家的诸多妙法

昫昫 5 岁时，我带他做一些奥数题，发现他在几何方面的能力特别突出。我在那段时间带他做了韦氏智力测试。当时，中科院心理所的张莉博士在检测后兴奋地告诉我，说检测中没想到一些空间几何的题目，这孩子能够做对。这无疑在数学之路上清晰地点亮了一盏灯——几何。

我过往的几本书里，都提到了"看卡"，通过出生 2 个月给孩子看黑白卡，和随后 4 个月左右给孩子看彩色卡，从而让孩子看到明暗、色彩、线条、图形、凹凸、平面和立体的对比，等等。我想，这与柔情蜜意的妈妈数孩子手指、脚趾不同，这是孩子真正的数学启蒙的开始。

昫昫 5 岁做一些奥数题目时，我发现他在计算上会遇到一些问题。比如，他可以记下 300 位的圆周率，但是小九九还不是很熟练，乘除法计算势必遇到困难。这没有关系，因为我们可以沿用这样的思路：一般有高中学历的成人都会的事情，孩子就可以不用那么着急。比如，一般高中学历的成人都会用文字书写，都会背诵简单的小九九，都会简单的 100 以内的四则运算。这就不用着急，一定急不得。可以参考前面的"天时"篇章。一般大学甚至更高学历的成人不太会的事情，反而是少小时需要尽可能开展和实现的，比如，玩数独、玩汉诺塔、玩魔方，用英文阅读哲学，两倍三倍甚至更多倍于成人的阅读速度，在头脑中构建一个比较完整的立体几何模型，并根据坐标计算各个平面的面积、总体积，等等。

　　孩子 6 岁会做类似下面这样的题，比 8 分钟内完成 100 道 100 以内的四则运算题要重要得多。而且，前者是逼不出来的能力，只能循序渐进培养；而后者，就是对孩子大脑以及身心的伤害。

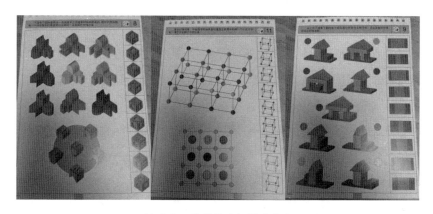

让孩子玩脑发展益智题更重要

　　数学能力逼不出来。前文"琴童"中介绍了与琴乐练习不同，数学的才能很早就可以显现，而且概率远超过琴乐。喜欢拼拼图、玩积木，也能在更小年龄玩更大年龄级别的玩具，比如，3 岁就可以玩厂家推荐的 6 岁 + 玩的积木，这就是数学才能的体现。

　　光有一闪而逝的才能还远远不够。父母关注孩子的智力能力，要多陪伴，让孩子睡眠足，运动适量，亲近大自然，多玩动手的非声光电类的玩具。特别推荐积木、拼图、立体拼图，多玩益智类的玩具（设有很多关卡的通关类），多阅读。一定要做家务，把练就的本领用于生活中。做好以上这些，那么孩子的智力能力势必可达到相当水平。经过尝试，如果孩子可以做一些数学题，那么接下来，就需要更多一些时间进行数学学习了，也需要查漏补缺。比如，我会带昀昀进一步熟练小九九，以及他比较薄弱的钱币兑换、长度单位等。把一些重要但很容易补的短板补上。接下来，就可以迎着微积分的春风前行了。

特别推荐两本 6～8 岁孩子使用的数学入门书。一本是雅科夫·伊西达洛维奇·别莱利曼著的《给孩子看的趣味数学》，这是一本非常好的启发孩子思考的数学启蒙佳作。另一本，是稍微难一些的本·奥尔林著的《疯狂微积分》。

当然，我推荐的其实只是一种案例、类型、样貌。大家可以大概看到，我所谓的当孩子的智力能力达到学习数学的水平时，可以读什么样的书。

作者推荐的两本数学入门书

好书还有很多，我相信父母会找到更好的、更适合自己孩子的数学入门书。但无论如何，在开启数学入门学习之前，先完成以下这些功课——玩！先好好陪伴孩子玩起来，发展他们的智力能力。智力能力越高，孩子的数学学习越不成问题。每个孩子都可以热爱数学，每个孩子都可以精通数学，每个孩子都可以成为数学家。

孩子可以自主学习数学，专心投入，乐在其中。但这需要一个"开端"。

记忆 π、玩魔方、汉诺塔、孔明棋等，都是非常好的开端。孩子学好了这些"手艺"，也知道很少有同龄的孩子会做这些，就会自信。因为手艺本身自带乐趣，就会时不时拿出来玩。形成自主学习的习惯，长此以往，学习数学成为孩子自信的资本，并能逐步顺利投入更为艰深的数学学习中，自得其乐。

记忆 π

为什么记忆 π？可以由记忆 π 科学地了解孩子的记忆过程，记忆更像是阅读得到的长期记忆存储，而不是背诵，更不是死记硬背。

昀昀记忆 π，可以流利记忆到
小数点后 400 多位

哥白尼明明看到了地球围绕太阳转，但是在"地心说"的时代，他心里明白，一旦提出"日心说"，一定会被大众团团包围，逼着他论证"日心说"。那很窝火，明明看见了，自然就是那样，是宇宙真理，但是大众不那么想。

记忆 π 也是如此。同样是自然的，也就自然具有自然的力量。孩子一定要记忆 π。

相比哥白尼那个时代，这个时代更加光明磊落。所以，我果断提出，家庭启蒙培养，亲子阅读互动，需要记忆 π。

既然提出来了，就要予以论述，说明原因。这很让人窝火，但也只能硬说。看到的自然，描述起来，美感降低，能量降低，但也得勉强描述一二。

对于孩子的好处：

1. 对大脑的记忆方式了解了，知道不是因为死记硬背才记住那么大体量的数字（300 位）。这就为孩子今后学习方式的巩固开了个好头。记忆用脑，而不能硬背，更不能死记硬背。

2. 对数字、对数学，甚至对学习，都会产生自信，因为自己具备了记忆 π 的能力。孩子会明显喜欢数字识记，会更积极主动进行计算，甚至对学习也更积极主动。因为无论如何，能记住 300 位 π 的孩子，不可能认为自己笨。

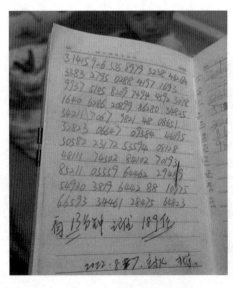

响响记忆π，13 分钟记住 189 位

3. 数学启蒙的关键，是接触面和接触时间。在以上两个条件下，加上孩子是否快乐。由以上三个条件，会生成孩子对数学的自信。自信加上乐趣，父母再积极引导一下，就很容易产生兴趣，数学就学起来了。

4. 理解阅读是学习的唯一方式，重视阅读，尊重阅读，爱上阅读，追随阅读。

对父母的好处（最终也作用于孩子）

1. 对大脑的记忆方式了解了，知道不是因为死记硬背才记住那么大体量的数字（300 位）。也许真的可以进一步理解大脑的工作方式，更少地数落孩子"动脑子"！

2. 一定概率上，会科学地促进孩子通过"阅读"识记更多的常识及信息。

3. 会因此（孩子记住了几百位 π）而对孩子自信起来，自然对孩子学习成长的负影响减小。

4. 通过日常记忆 π，以及数据量化，看清孩子大脑发展的细处，孩子的成长（越来越聪明）直观可见。

如果你脑子里记有 300 首古诗，那么它们是来自经年累月的反复（rehearsal）诵读（一首诗的朗读或者默读，全部或者段落）。死记硬背的内容很快会被忘记。

与枯燥的死记硬背相比，借助现代心理学的研究成果灵巧地使用大脑，更高效地记忆知识和信息，也许是一种不错的选择。

纳尔逊·考恩（Nelson Cowan）研究团队的工作无疑是让人兴奋的，强烈推荐考恩博士的两本书：《工作记忆能效》（*Working Memory Capacity*）和《儿童记忆力发展方案》（*The Development of Memory in Infancy and Childhood*）。

作者推荐考恩博士
的两本书

父母拉着孩子急走，往往听到孩子的哭声，父母心里也很容易生气焦躁，因为无论怎么拉都拉不动，越拉孩子越慢。

那就试一试慢下来，等孩子变快。

比如 π，每天让孩子读小数点后的头 100 位，只读一遍，读快读慢都可以，2 个月后，孩子就不知不觉背下来了。古诗也是，读一遍，就可以了，不用背。

突然有一天，你就会发现孩子展露了一些了不起的"能力"，比如，对一些信息"过目不忘"的超常能力。

家庭育儿启蒙的数据量化

当我正在写这部分内容时，我统计了一下，我的孩子昀昀正在玩的益智玩具有 39 款，其中不包括已经通关的玩具，以及买了还没有开始玩的玩具。这 39 款玩具，昀昀已按照我们最初的约定，习惯了在关卡手册上标注，过关的，如下页图所示，第 63 关、第 64 关都打一个对钩。如果没有过关，就先跳过。用这样简单的方法，我们就对这 39 款玩具玩的进度有了清晰的认识，实时更新。

同时，这些玩具都被码放在明处。它会提醒我们，一有空闲时间，就有事情要做。当然，要做的事情并不止这些益智玩具。

益智玩具有 39 款，正在拼的积木飞船、汽车和飞机有四款，每天阅读 1.5 小时英文书籍，阅读速度平均在 9000 词 / 小时，每 20 分钟休息一次眼睛，让孩子远眺。每天户外运动 1.5 小时。每天用 5 分钟记圆周率和小九九……这样的记录每天都做，实际上成了接近专业水平的"追踪研究"，虽然数据颗粒度大，但效果比发一篇论文更有价值。同时，这样的做法，就是家庭育儿启蒙的数据量化。

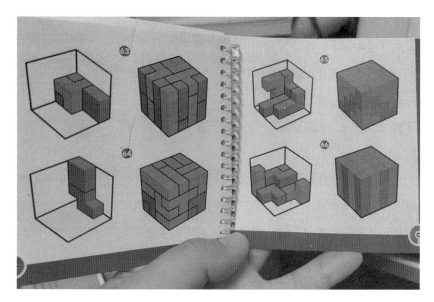

玩具通关，昀昀已经习惯在关卡手册上标注

　　数据量化的好处至少有以下四点：1. 真实反映情况；2. 可以就真实情况进行分析思考和修正提升；3. 可以在发现问题时溯源；4. 可以预判未来。数据量化是家庭教育培养诸多事务中必须做的事情。

　　很多年前，在工作中我时常遇到这样的"怪现象"：问同事，工作进展得怎么样啊？回复很好，他们都感觉工作做得相当不错。但当我调出数据，发现实际进展不但没有提升，反而有所下降。数据永远都不会骗人的，但感觉会。

　　还有一个思考方向。很多花心思育儿的父母会焦虑，总怕自己的娃赶不上别人的进度。其实，抬头看别人的时候，先看清自己脚下的路，这更重要。如果自己带娃的数据每天都在提升，这个数据就能缓解不必要的焦虑。很多问题都是心理的问题，而不是真的有问题。我不知道有没有人有这样的体会：出差一天下来，突然意识到没有喝过水。这时候，和喝上一大杯相比，直接喝掉一瓶 550ml 的矿泉水，感觉更解渴。因为除了身体的诉求得到了满足，心理也得到了满足。"550"无疑给补水这件事情一个更加令人满意的答案。

将事情"量化"就会事半功倍。我们从小就耳熟能详的"好好学习，天天向上"，细想起来怎么算是"好好学习"？今天或者昨天，孩子好好学习了没有？如果说好，怎么个好法？如果说不好，又是如何而来的判断？

早上把孩子送去学校的父母，可能要到晚上才能再见面。分手时父母说白天在学校好好学习，下了学好好看看书。这样的说话其实对孩子而言，心理压力是很大的。道理如上，就不再赘述了。

我是怎么做的呢？我早上送孩子的路上，孩子会习惯问：Daddy，今天放学有什么安排？我会按照进度，例如这样回答：今天放学回家，换完衣服洗完手后，马上吃点心和水果。然后有五项功课：1. 记忆 π 和小九九，大概 5 分钟；2. 可汗学院，大概一个单元；3. 阅读大概 100 页英文版《三体》（*The Three Body Problem*）；4.3 款益智玩具，每个过 2 关；5. 听小说，可以一边听一边拼积木或者画画，你自己选。我会在每一个项目里，根据数据看孩子的进步情况。昀昀会痛快地回答：好的，Daddy。到了校门口，我基本就这几句话：我很开心能和你一起走路来上学，在学校里一定要多交好朋友，多和同学一起玩。再见，下午 Daddy 来接你，加油。我爱你，加油。

昀昀在自由涂鸦

玩乐的学问

算术其实是阅读的积累

学习是孩子"玩得好"的收成。这句话好理解吗？就是说孩子玩得开心快乐，然后才有了学习的能力和表现。再者，学习是对由玩乐积累的能力的一种消耗。接下来，我就此进行详细论述。研究表明人类的大脑不是用来思考的，大脑其实并不善于思考，而是用来避免思考的。所以，家长甚至师者沿袭至今的那句"这孩子，动脑子知道吗？学习要动脑子"，其实是完全不符合科学逻辑的。

大脑不是用来思考的，可以从两点简单说明：第一，所谓的思考，其实是对已有信息的加工过程和再利用的过程。孔子说：学而不思则罔，思而不学则殆。还有一句谚语也能很好地形容大脑思考的过程：巧妇难为无米之炊。如果孩子脑子里什么都没有装进去，那么再怎么思考都是枉然。

孩子计算 4×13，怎么都算不出来，家长在身边急了，就责备孩子不动脑子。其实，这样的算术题孩子算不出来，是因为阅读得不够，大脑里没有足够的长期记忆供工作记忆解决这道题。

思考是将你在周边环境中感知到的信息和长期记忆中的信息用新的方法组合时发生的。[Thinking occurs when you combine information (from the enviroment and long-term memory）in new ways.] 见下图。

环境、工作记忆、长期记忆
之间的相互关系

孩子看到 4×13 这道题，通过工作记忆感知信息，进行思考和加工处理，即解题。接下来，要通过几步调取长期记忆中的信息：

① 看长期记忆中是否有"乘法"公式的知识。如果有，就调取处理；如果没有，也就是孩子还没有学过乘法，那自然无论如何都无法往下进行。

② 4×13 公式有了，接下来看长期记忆中，是否有 4×3=12 这个知识。如果有，就顺利往下进行；如果没有，那就卡住。

③ 4×3=12，接下来记住个位上的答案"2"，将"1"带到 10 位。

④ 4×1，看长期记忆中，是否有 4×1=4 这个知识。如果有，就顺利往下进行；如果没有，那就卡住。

⑤ 4×1=4，接下来用 10 位得到的 4 加上进位来的 1，看长期记忆中，是否有 4+1=5 这个知识。如果有，就顺利往下进行；如果没有，那就卡住。

⑥ 4+1=5，接下来记下 5，这是 10 位上的，把前面记住的 2 再拿回来，得到答案 52。

由此我们看到，孩子做算术题，就是通过大量的"算术阅读"来积累长期记忆，然后根据工作记忆感知到的题目，对长期记忆进行记忆调取及加工组合。只是一味地逼迫孩子"动脑子"，实际是最不动脑子的行为。

结合很多优秀的博士、教授的科学研究，再结合实际进行观察和分析，我才意识到：我们过往传统的死记硬背，一味强调孩子要动脑子的行为，是多么反科学。这也是我对那种要求孩子"8 分钟做完 100 道题"的行为一直耿耿于怀的原因。

其实，让孩子善于算术的方法很简单，主线就是：

1. 多让孩子做一些算术题。

2. 在实际练习中，慢慢领会计算公式的奥妙。父母和孩子都不能心急，如果孩子因为一直不得要领着急了，父母也不能着急，要慢慢来。要给孩子足够的时间，在他们精通口算速算之前，不要给他们任何的考试考察。

3. "双减"政策下，小学低年级没有笔试，这是科学的教育教学。学校给了孩子慢慢来的时间，父母更要科学地进行家庭教育。

4. 每个孩子都可以成为数学家，每个孩子都可以在准备充分的前提下，达到口算速算的水平。但这真的有必要吗？数学家需要计算时，可以借助计算器、计算机。许埃珥少年时数学那么差，而且计算特别慢，但他也成为世界级的数学家，拿到了数学界顶级大奖菲尔兹奖。

如果懂孩子，就不要再跟孩子说"动脑子"这样的话了。

我们从没有玩会的拼图

学习是孩子"玩得好"的收成，是对由玩乐积累的孩子的能力的一种消耗。如果沿着这个思路来分析，实际上，在孩子 2 岁之前，拼图要比阅读重要得多，是在给阅读打基础。

拼图，是我小时候的一个回忆。记得去表姐家，第一次见识了拼图，当时觉得有一点点意思，但又觉得实在很复杂很难。记忆里，那是一款 1000 片的拼图。后来在我 40 年的人生里，有几次和拼图有过交集，但都是一闪而过，因为既没有玩它的兴趣，也没有直接的目的。

我在孩子出生之前就在研究蒙氏教具了。蒙台梭利曾说过，家长用言传身教引导孩子，而不应该在读不懂孩子的时候草率妄断，鲁莽干预。我很认可她的这一理念，并使我进一步认可她由"儿童之家"生发出的孩子在"儿童之家"展开的各项工作。蒙台梭利看到，收容所里智力发育迟缓的孩子，在食物有限的情况下，仍然不惜用食物在地上拼凑图形，用手指感知学习。她由此意识到孩子对于学习的渴望，也由此进一步对语言学方面贡献了这句话：孩子即便暴露在最小的语言环境下，也可以学会语言。

后来我又接触了格林·杜曼博士（Glenn Doman）的学说。他把孩子的发展成长要义，更为直接落地到"玩儿"这个概念上来。这就超越了蒙台梭利的"儿童工作"的进一步发展的可能性。因为，一旦我们认可对孩子来说学习就是玩儿，那么对于孩子的赋能，就能超越"儿童之家"的范畴，随孩子步入成人阶段，并延续一生。

格林·杜曼说："和吃饭相比，孩子更喜欢学习；和睡觉相比，孩子更喜欢学习；和玩儿相比，孩子更喜欢学习；不，对于孩子，学习就是玩儿。"

对孩子来说，学习就是玩儿

所以，我在孩子没有出生之前，就购置了不少玩具教具。拼图，恰巧是其中的一种。但是，在实践中，当把那些徒有感官刺激，没有正向积极启蒙作用的声光电类玩具排除之后，拼图很快就成为能看到孩子智力能力提升效果的优秀"升级"类产品。

从九宫格的小拼图，到 40 片、80 片、120 片、200 片、500 片、1000 片。随着拼图片数的不断增加，直观可见孩子智力能力的成长。特别是在情感智力方面、心理稳定性方面，不急不躁，就这样一点点地培养起来。

读者的孩子们在玩拼图

拼图需要注意以下几点：

1. 忽视拼图上厂家给出的建议使用年龄。根据我的孩子和我读者会员孩子们的案例，基本可以确定，比如，标注 9 岁 + 的拼图，3 岁、4 岁、5 岁、6 岁的孩子就有可能独自拼好了。

2. 尝试不等于一定可以完成。哪怕孩子只拼出了两块，也没有关系。敢于尝试，细致耐心是必须的。

3. 孩子从出生到入学前，也许还可以再延后几年（这要看父母对于孩子智力能力发展的判断）。此期间要经常拼拼图，不能三天打鱼，两天晒网。

4. 提供的拼图，难度不能超出孩子的智力能力太多，以在一天内可以完成为标准。到后面遇到比如 1000 片、2000 片这样稍复杂的拼图，可以 2 天内拼好。如果感觉成了拉锯战，就是难度过高了，应该赶快降低难度，拿片数更少的拼图给孩子尝试。如果是顺向从小拼图开始的，而且是按照以上强调的几点细致耐心进行，那么，一般不会出现"拉锯战"甚至孩子逆反、腻烦拼图的情况。

5. 拼图的全程一定要保持快乐。一旦父母因为任何事由，或者嫌孩子拼得不好，拼得太慢而发了脾气，那就前功尽弃，非但不能提升孩子的智力能力，反而导致孩子心理的不稳定。

拼图是 1760 年在英法两国几乎同时出现的流行且有益的娱乐方式。那时是把一张图片粘在硬纸板上，然后剪成不规则的小碎片。最初的拼图图片都是有教育意义的，要么附有适于年轻人阅读的短文，要么向新兴资产阶级传授历史或地理知识。

拼图，除了我在培养孩子之前所见的那种单面拼插的类型以外，还有其他类型。

双面拼图：拼图两面都印有图案，玩家可按任意一面的图案拼组，同时难度也有所增加。因为就手中的零片而言，玩家很难确定应该选哪一面摆入拼图。

立体拼图：立体拼图的零片多由木材或泡沫塑料等坚实材料制成，因其空间特征，难度增加。玩家必须按特定顺序拼接零片，如果已完成的部分有某个或者某些零片拼装得不对，剩下的零片就很可能无法继续拼接。

球形拼图：是一种介于平面拼图和立体拼图之间的类型。与平面拼图类似，它的球面也是用纸板零片拼摆出来的单层结构；而它的最终造型是具有长、宽、高属性的三维形体。球形拼图的图案大多模仿地球仪、月球仪的模型。

昀昀在玩球形拼图

我们从没有认真玩过的积木

在很多成年人眼里，积木就是一堆木头块儿。有各种形状，可以随便用来搭房子，搭起来推倒，推到了再重新搭，是孩子随便玩玩的消遣，安全，但没有什么大用。倒是可以让孩子安分一会儿，让大人安宁一会儿。

大多数父母，小时候是没有玩过积木的，或者只是有过接触，但从没有真正玩过。他们那会儿也不懂，很多都是 20 世纪六七十年代生人，而且大多读书不多。所以在前篇中，70 年代一个早启蒙的孩子，很容易脱颖而出，甚至得到国务院副总理的关注。

可以确定，积木和拼图一样，在良好的操作环境和条件下，孩子玩得越开心，玩得越多越久，就会越聪明。从持久性上看，积木可以比拼图玩得更久一些，甚至可以玩到小学高年级，或者初中高中。

读者的孩子们
在玩积木

积木当然不仅仅是木制的拼搭房子的那种木头块，还包括人们熟悉的 LEGO 乐高。乐高诞生于 1934 年，最初是木制的。创始人奥莱·柯克·克里斯第森（Ole Kirk Christiansen）提出的一句座右铭"只有最好的才是足够好的"，直到今天仍然是乐高公司的第一准则。

1949 年，第一块乐高塑料积木问世。两年后，穴柱连接原理的塑料积木投放市场。不久乐高公司又推出专门为 3 个月至 5 岁婴幼儿设计的积木产品。这种积木比普通积木大 8 倍，可以防止婴幼儿误食而发生危险。

在乐高积木上，可以清晰地看到厂家对于使用年龄的参考意见。和拼图一样，乐高的使用年龄，也不能严格照办。倒是可以把这种建议使用年龄看作升级依据。拿拼图来说：3岁可以顺利拼插几款6岁+的拼图了，可以试试9岁+的，看看能不能玩儿，能否完成。

　　我一直都不能理解"乐高班"，为什么玩儿乐高要报班？这就好像给孩子看卡通，需要成人进行讲解吗？

　　永远都不要忘记威林厄姆博士说的：记忆是思考的残留物。而最好的能让孩子思考的方式，就是大人不要随便乱教孩子。获得数学顶级大奖的陶哲轩面对学习数学的孩子，也一定会鼓励孩子多自己尝试及思考，而不是把住孩子，自以为是地教这个教那个。只有学问和智力不够的人，才更习惯好为人师。

昀昀在玩三项式

　　积木要尽量多给孩子买一些，多让孩子玩儿。但一个级别，比如3岁+、6岁+、12岁+，这样的级别不要重复买很多。3岁+的玩了五六款，发现孩子完全没有问题，就买更高级别的。一个3岁能自己安静拼插好9岁+乐高积木的孩子，未来的学习一定不成问题。或者，更严谨一点儿，很大可能能通过读书取得成就。父母要掂量掂量个中利弊得失，不要以为玩儿就一定是没用的。这样的观念其实是完全违背科学的，从科学上说，对于儿童发展，玩儿反而是最值得孩子投入的。

　　当然，乐高价格确实过高，目前国内已经有了几个很好的类似品牌，产品质量非常好，价格有的甚至仅仅是乐高的1/10，是非常值得考虑的选择。

我们从来没有研究过的"数独"

说实话，虽然我很喜爱数学，也算是有一定水平的爱好者，但对于数独，却不知为何忽视了。以前一直都莫名其妙地觉得数独很麻烦，或者那种麻烦和我喜爱的数学全无相关。直到陪伴孩子快 3 岁时，偶然的机会，把很早就买回来的数独棋拿出来给孩子尝试，之后就一发不可收，数独成为孩子后来使用频率很高，持续玩了 3 年多的重要玩具。

数独是一种运用纸笔进行演算的逻辑游戏。数独盘面是个九宫，每一宫又分为 9 个小格。在这 81 格中给出一定的已知数字和解题条件，利用逻辑和推理，在其他的空格上填入 1 ～ 9 的数字，使 1 ～ 9 每个数字在每一行、每一列和每一宫中都只出现一次，不能重复。

数独起源于 18 世纪初瑞士数学家欧拉等人研究的拉丁方阵（Latin Square）。19 世纪 80 年代，美国的退休建筑师哈瓦德·格昂斯（Howard Garns）根据这种拉丁方阵发明了一种填数趣味游戏，这就是数独的雏形。20 世纪 70 年代，人们已经能在美国纽约的一本益智杂志 *Math Puzzles and Logic Problems* 上看到这个游戏了，被称为"填数字"（Number Place），这也是公认的数独最早的见报版本。

读者的孩子在
玩数独游戏

1984 年，一位日本学者将填数字介绍到了日本，发表在 Nikoli 公司的一本游戏杂志上，当时起名为"数字は独身に限る"（すうじはどくしんにかぎる），就此，填数字被改名为"数独"（すうどく）。其中"数"（すう）是数字的意思，"独"（どく）是唯一的意思。香港高等法院原新西兰籍法官高乐德（Wayne Gould）在 1997 年 3 月到日本东京旅游时，无意中发现了数独。他先是

在英国的《泰晤士报》上进行介绍，不久其他报纸也相继刊载，很快风靡全英国。在我国，20 世纪 90 年代，国内就有部分益智类书籍涉及数独，如南海出版社在 2005 年出版的《数独》。随后日本著名数独制题人西尾彻也的《数独挑战》由辽宁教育出版社出版。《北京晚报》《扬子晚报》《羊城晚报》《新民晚报》《成都商报》等报纸媒体也先后刊载了数独游戏。

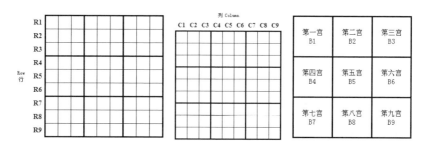

数独的排布介绍

如上图所示，水平方向的每一横行有九格，每一横行称为行；垂直方向的每一纵列有九格，每一纵列称为列。三行与三列相交之处有九格，每一单元称为小九宫，由三个连续宫组成大行列，分大行及大列。

结合"堆叠法"，昀昀 3 岁时我让他尝试数独，学会了，玩了几次就放下了。3 岁半又拿起来，这次玩的频次多了一些。4 岁，我买了更多版本的数独，有木质的数独，也有纸质书的数独，数独成为每天都玩一会儿的项目。4 岁半，开始逐步减少玩数独的时间。这不是我故意为之。随着更多项目，比如，爬山、新颖的益智玩具、英文哲学书、听《三体》和《哈利·波特》等加入每日的项目中，数独被昀昀放在一边。6 岁多又把数独拿起来。由此，我想说明，"堆叠法"在孩子的智力能力发展过程中"至关重要"。有了堆叠法，我们才终于眼见每个孩子的成长节奏千差万别。4 岁半，当我的孩子每天用比较多的时间听《三体》的时候，我的读者的孩子在同样的年龄，有的已经熟练地玩魔方，有的聚焦英文分级绘本，有的玩积木玩得特别好。

我从昀昀数学学习的经验回看数独，它确实能够帮助孩子熟悉数字，并开始思考数字间的关系，帮助孩子靠近数学，进而启发孩子喜欢数字。

我们从没有玩明白的益智玩具

和前述的拼图、积木很相似，但更为明显的是，益智玩具对很多年轻父母的童年回忆而言都是"与己无关"，不仅操作麻烦，好玩的程度不高，而且难度又很高。在我的童年记忆里，像鲁班锁、九连环，看着

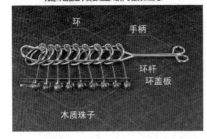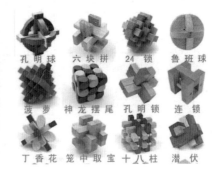

中华传统益智玩具九连环、鲁班锁

就觉得不好玩，感觉那是给成人玩的。当时看起来像玩具的益智类玩具，又特别昂贵，不是我们这些老百姓家庭能负担得起的。

我在带孩子玩了很多从世界各地挑选回来的益智玩具之后，像鲁班锁、九连环这样的玩具，孩子玩起来也是意犹未尽的。我的分析是，什么都需要由浅入深。"升级"类的玩具能极大地提升孩子的智力能力。一切学问，初学时都有困难，即使饱学之士亦然。

国际上的一些益智类玩具，虽然有看似系统的升级级别，但并没有

具体对孩子哪些能力有提升作用的专业说明，或者说明看起来不够专业。为此，我们曾联系国内高校院所，希望从玩具反推对孩子能力发展更为科学详尽的说明，这项工作还在进行中。

前文中，我用了不少笔墨来论述韦氏智力测试的细处，大家也可以参考文后附录中的丹佛发展筛选测验，结合孩子的益智玩具做一些分析。

毕竟父母是在家庭中安全、健康、科学、合理地培养孩子，而非专业的研究人员。从实践中看到玩玩具对孩子的诸多好处，那让孩子玩就是了。如果孩子真的玩起来了，玩会了我们甚至现在还不会玩的玩具，那就说明孩子的智力能力强于我们。这就足以支持我们付出一些时间精力，投入一些金钱持续关注于此了。

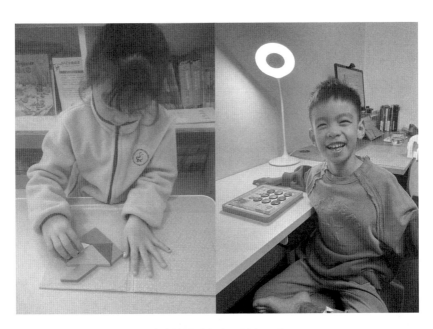

读者的孩子们在玩益智玩具

我们从没有玩会的魔方

魔方对于很多父母而言，应该是太常见的童年记忆了。但魔方总是

被演绎为神乎其神的玩具，让人感觉只有天才人物才能玩转它。如电影
《当幸福来敲门》中就有这样的桥段：克里斯·加德纳在争取得到工作
机会的途中，偶然发现了魔方。电影想表现因为克里斯超凡的数学能力
和头脑，所以即使没有玩过魔方，也可以在头脑中经过运算最终破解，
完成魔方的复原。

　　人们总是这样描述魔方，无疑把这个特别好的益于提升智力能力的
好玩具，和普通人拉开了距离。

　　事实上，魔方玩儿起来一点儿都不难。

　　1970年3月，拉里·尼科尔斯（Larry Nich-ols）发明了2×2×2的魔方
（Puzzle with Pieces Rotatable in Groups），每个方块之间用磁铁互相吸在
一起，并申请了加拿大专利。1972年获得美国专利，比鲁比克教授的三阶
魔方（Magic Cube）早两年。

　　被称为魔方之父的鲁比克·艾尔诺（匈牙利语：Rubik Ern）是匈牙利的
建筑学和雕塑学教授，为了帮助学生认识空间立方体的组成和结构，他
动手做出了第一个魔方的雏形，其灵感来自多瑙河中的沙砾。

魔方之父鲁比克·艾尔诺

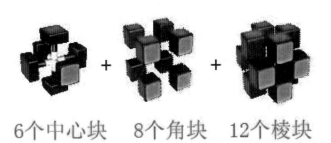

6个中心块　8个角块　12个棱块

魔方的构成

1974 年，鲁比克教授发明了第一个魔方（当时称作 Magic Cube），并在 1975 年获得匈牙利专利（专利号 HU170062），但没有申请国际专利。魔方于 1977 年第一次走进市场，在布达佩斯的玩具店售卖。与尼科尔斯的魔方不同，鲁比克教授的零件是像卡榫一般互相咬合在一起的，不容易因为外力而分开，而且可以用任何材质来制作。

1979 年 9 月，理想玩具（Ideal Toys）公司将魔方推向世界，并于 1980 年 1—2 月在伦敦、巴黎和美国的国际玩具博览会亮相。

展出之后，理想玩具公司将魔方的名称改为鲁比克魔方（Rubik's Cube），1980 年 5 月，第一批魔方在匈牙利出口。

1981 年，来自英国的小男孩帕特里克·波塞特（Patrick Bossert）写了一本名叫《你也能够复原魔方》的书，总共售出了将近 150 万本。据估计，20 世纪 80 年代中期，全世界有五分之一的人都在玩魔方。

我的读者会员在我的影响和带动下，很多孩子都超越了父母，成为家庭中第一个会玩魔方的人。

三阶魔方还原讲解

魔方共6色6面，分为中心块（共6个）、角块（共8个）和棱块（共12个）。

扫码观看三阶魔方还原讲解

手法：勾上回下。

右手：

勾：顶层顺时针旋转90度

上：右侧顺时针旋转90度

回：顶层逆时针旋转90度

下：右侧逆时针旋转90度

左手：

勾：顶层逆时针旋转90度

上：左侧逆时针旋转90度

回：顶层顺时针旋转90度

下：左侧顺时针旋转90度

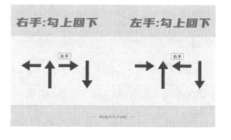

第一步：目标小花

顶层：黄色中心块 + 四个白色棱块

找到黄色中心块，放到顶层：

情况一：

在二层找白色棱块。

白色棱块面对自己，把二层的白色棱块向上旋转 90 度至顶层。

情况二：

白色棱块在一层或者三层：把它们转到二层。

方法：用手心按住白色棱块面，向上 / 下旋转 90 度至二层。

依照情况一的手法，把二层的白色棱块向上旋转 90 度至顶层。

情况三：

白色棱块在底层：用手心按住白色棱块侧面，向上 / 下旋转 180 度至顶层。

注：在旋转过程中，发现顶层的白色棱块被挤走了，需要把顶层转 90 度 /180 度，把顶层白色棱块让开，再把二层或底层白色棱块旋转相应度数至顶层归位。

第二步：白十字架

底层还原白色十字架，一层棱块颜色与中心块颜色一致

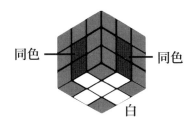

步骤一：顶层白色棱块与中心块颜色一致

确定顶层白色棱块对应三层棱块的颜色，旋转三层 90 度 /180 度，找到对应同色中心块，归位。

步骤二：还原白色十字架

转动侧面（三层棱块与中心块颜色一致）180 度，将顶层棱块旋转至底层。

重复进行如上两个步骤 3 次，底层白色十字架、一层棱块归位。

第三步：白色底层

白色底层全部还原，四个侧面出现倒"T"（如下图所示）

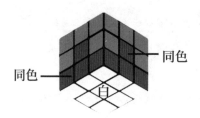

情况一：

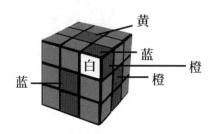

　　白色角块在三层：确定白色角块另外两面颜色，转动三层至白色角块另外两面颜色与对应中心块颜色一致，如上图。

　　三层白色角块面对自己，白色角块在哪边，就用哪只手做 1 次：勾上回下，三层白色角块归位到底层。

　　情况二：

　　白色角块在顶层：确定白色角块另外两面颜色，转动三层至白色角块另外两面颜色与对应中心块颜色一致。

　　顶层白色角块面对自己，白色角块在哪边，就用哪只手做 3 次：勾上回下，顶层白色角块归位到底层。

情况三：

白色角块在一层或底层（此时白色角块没有归位）：判断白色角块在哪边，就用哪只手做一次勾上回下，把其移动至三层或者顶层。判断是情况一还是情况二，做对应的操作，将三层或顶层的白色角块归位到底层。

重复进行上面步骤，将所有白色角块归位至底层。

第四步：二层

同色————　　　————同色

情况一：

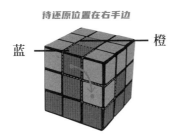

待还原位置在右手边

蓝————　　　————橙

在三层和顶层找不带黄色的棱块，转动三层至棱块与二层对应中心块颜色一致，再判断顶层棱块的颜色和同色中心块的方向，是向左还是向右，去哪个方向，就用对应的那只手做1次勾上回下。发现白色的角块到三层了，三层白色角块面对自己，三层白色角块在哪个方向，就用哪只手做1次勾上回下，把三层白色角块送至底层，三层棱块归位至二层。

重复进行上面步骤，将所有三层非黄色棱块归位至二层。

情况二：

三层或者顶层所有棱块均带黄色，但二层棱块没有全部归位，判断错位的二层棱块是在左手边还是右手边，用对应的手做 1 次勾上回下，白色面对自己，三层白色角块在哪边，就用对应的手做 1 次勾上回下，将错位的二层棱块移动至顶层棱块位置。

重复情况一的步骤。

第五步：黄十字架

还原顶层的黄色十字架

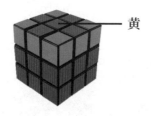

还原完两层，顶层会出现三种状态：小黄点、直线型、小 L 手枪型（小拐角），如右页图所示。

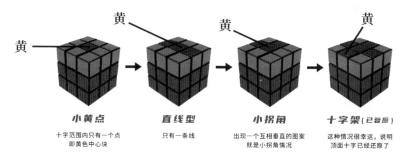

小黄点
十字范围内只有一个点
即黄色中心块

直线型
只有一条线

小拐角
出现一个互相垂直的图案
就是小拐角情况

十字架（已复原）
这种情况很幸运，说明
顶面十字已经还原了

注：这几种情况不是一次出现的，而是随机出现的，还原好两层之后出现上述任意一种情况都有可能。只是它们还原的步骤依次是从小黄点➡直线型➡小拐角➡十字架。

情况一：

小L手枪型（小拐角）：顶层魔方摆放位置如上图所示。

面向自己的面，顺时针旋转90度，用右手做1次勾上回下，再将面向自己的面逆时针旋转90度。

小L手枪型（小拐角），变成黄色十字架。

情况二：

直线型：身体和直线是平行关系，口诀同小L手枪型一样：顺90度—勾上回下—逆90度。

变成小L手枪型，再做公式：顺90度—勾上回下—逆90度。

情况三：

小黄点：随意拿魔方，做公式：顺90度—勾上回下—逆90度。

变成直线型，做公式：顺90度—勾上回下—逆90度。

再变成小L手枪型，做公式：顺90度—勾上回下—逆90度。

总结：

小L手枪型（小拐角）：1次公式。

直线型：2次公式。

小黄点：3次公式。

第六步：黄面
还原黄色顶层

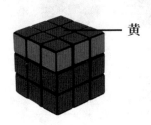

黄

把黄色十字架放到左手手心里，左侧顶方（如下图所示）是一个神奇的位置，能通过做手法，变成黄色角块。

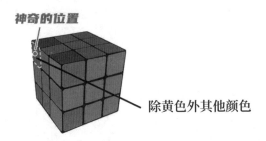

神奇的位置

除黄色外其他颜色

神奇的位置不能是黄色，如果是黄色，转动左侧面（黄色十字架），把神奇的位置变成不是黄色的角块。

右手做 2 次勾上回下，将神奇的位置变成黄色。

如果神奇的位置做 2 次勾上回下后，没有变成黄色，右手再做 2 次勾上回下。

继续转动左侧面，将神奇的位置转成非黄色角块。

重复上述步骤，直至还原黄色顶层（神奇的位置全部变成黄色）。

第七步：找眼睛

将三层的角块复原，只差中间的棱块没有复原，两个角块像小眼睛一样

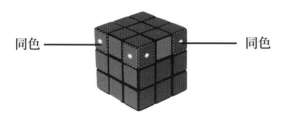

同色 —— 同色

情况一：

在三层找到颜色一样的角块（眼睛），转动三层，将眼睛与其相同颜色的中心块处于同一面，将黄色面对自己，眼睛放到右手边，公式为：上上底底，下右上，底底，下左下。

转动顶层至角块（眼睛）与中心块颜色一致。

情况二：

三层没有颜色一样的角块（眼睛），黄色面对着自己，做1次上面的公式，出现颜色一样的小眼睛，重复一次情况一。

总结:

三层没有小眼睛: 做 2 次公式。

三层有小眼睛: 做 1 次公式。

第八步: 六面复原

情况一:

侧面已经还原的一面远离自己 (远离身体的方向)。

公式: 上上, 左上左, 下右下右下, 左下。

做 1 次公式, 魔方六面全部还原。

注: 若做完 1 次公式, 魔方没有全部复原, 重复情况一 (一共做 2 次公式)。

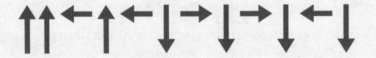

情况二:

侧面没有一面是全部还原的, 做一次上述公式; 出现一面侧面还原, 重复情况一。

总结:

有一面 (侧面) 已经还原: 做 1 次或 2 次公式。

没有一面 (侧面) 还原: 做 2 次或 3 次公式。

我们从没有听说过的汉诺塔

我的读者会员不在少数，但很少人知道"汉诺塔"，更没有人玩过。也许，有的父母见过，但并不知道它的名字，也不知道它居然有那么复杂的背景故事和对数学能力提升的意义。

汉诺塔是数学家中意的研究对象。法国数学家爱德华·卢卡斯曾编写过一个印度的古老传说：

在世界中心贝拿勒斯（在印度北部）的圣庙里，在一块巨大的黄铜板上，插着三根宝石立柱。印度教的主神梵天在创造世界的时候，在其中一根立柱上自下而上地穿好了由大到小的64片金片，就是汉诺塔。有一个僧侣，不论白天黑夜，总在按照下面的法则移动这些金片：

1. 一次只能移动一片；2. 无论金片在哪根立柱上，小片必须在大片的上面。

僧侣预言，当所有的金片都从梵天穿好的那根立柱移动到另外一根立柱上时，世界就将在一声霹雳中消灭，梵塔、庙宇和众生也将同归于尽。虽然是个传说，却有严格的科学逻辑：计算起来，如果把64片金片，由一根立柱移到另一根立柱，并且始终保持上小下大的顺序，这需要多少次移动呢？按照递归的方法进行计算，假设有n片，移动次数是 $f(n)$，显然 $f(1)=1, f(2)=3, f(3)=7$，且 $f(k+1)=2*f(k)+1$。如果移动一个金片需要1秒钟的话，这个问题的答案是一个20位的数字，约 $1.84467440*10^{19}$ 秒。

按照一年=60秒x60分x24小时x365天来计算，完成64片汉诺塔的移动，大约需要5800亿年。

地球的寿命才45亿年，宇宙自诞生之日起算，也才138

读者的孩子们在玩汉诺塔

亿年。5800 亿年之后，天地乾坤宇宙万物是否还存在，真的未可知。

汉诺塔问题在数学界具有很高的研究价值，至今还有不少数学家在进行研究。同时，它也是一款非常好玩的益智玩具。我曾在读者会员里发起挑战 10 层汉诺塔（1023 步）的活动，有不少孩子和父母都参与其中，并且取得了不错的成绩。

读者的孩子们在玩汉诺塔

我们从来没有想过"对于孩子，学习就是玩"

　　总有一些人喜欢宣扬"读书苦，苦读书"的励志言论，我是极其反对的。无论是我这么多年读书的真实体验和感受，还是从对我的孩子以及很多读者孩子的观察来看，读书都是特别快乐的事情，一点儿也不苦。说读书苦的人，应该从来就没有读懂过书，也完全不会读书。

　　读书是快乐的，特别对孩子而言是快乐的。当然，这还不是关键的。关键的是，父母要明白，对孩子而言，他们的生活也许真的是"玩儿本位"的。孩子的玩儿与成人的娱乐不同，娱乐在成人社会只是主体活动的一种恰当补充。而对于孩子，玩儿是他们世界的全部，这没有任何问题，无须给予特别关注，或者有什么值得焦虑的。这才是人类发展的必需前提。我们习惯于听励志故事，要勤奋苦干，似乎这样才能铸就人类发展。真的是这样的吗？

昀昀在玩益智玩具　　　　　　　　昀昀蒙眼拼装恐龙玩具

在昆虫世界，蚂蚁和蜜蜂比人类更加勤劳，但它们依旧是虫子。人类拿着石器，勤奋捕猎，钻木取火，无论怎样不知疲倦，也还是野人。当人类拥有了智慧，对勤奋苦干产生了厌倦，希望用更简便的方式改变生产力、提升生活品质，现代文明、自动化工具、人工智能、电力核能才在我们的眼前铺展开来。

对舒适生活的向往，对快乐幸福愉悦感受的渴求，是人类历史上唤醒自身智慧的决定性因素。孩子只有玩儿的时候，大脑才能以更加高效的方式，不断提升自身的发展水平。以玩得科学、系统为前提，孩子越玩儿越聪明。

读书的学问

读书能力超群的孩子，数学一定可以很好，前提是父母不要做错太多的事情。而阅读能力又是学好数学所需要的智力能力的关键环节，所以，在谈孩子如何学好数学并成长为数学家的论述里，对孩子的阅读能力的培养，不可不说。

自由自主阅读

当我发现自由自主阅读的时候，它对于我也只是一个概念而已。因为我在过去陪伴孩子阅读的过程中，一直秉承着自由自主阅读所描述的诸项方式方法。我在实践中，已掌握了自由自主阅读的内核。而发现《阅读的力量》，遇见克拉申，知道我一直以来使用的方法被克拉申定义为自由自主阅读，倒是帮助我能够以更为恰当的文字描述，分享我的实践所得，也分享"自由自主阅读"带来的阅读的力量。

克拉申给出的定义是：自由自主阅读（Free Voluntary Reading，FVR），是指纯粹因为想阅读而阅读，不需要写读书报告，也不用回答每本书章节后的问题。若是不喜欢这本书了，也不必勉强读完。

家庭亲子阅读

　　自由自主阅读的好处，在于把读书的自由归还给了孩子。他们想怎么读就怎么读。父母不再经常闯进孩子的世界，不再怀疑孩子天生具备的阅读能力。有的父母固执地认为，如果不考试考查，怎么知道孩子读没读懂？这样的问题屡屡在生活里出现，所以平庸的人才如此之多。因为天赋都被扼杀在愚昧的权力下。

　　孩子一小时都在读着手里的书，而且聚精会神，时不时发出笑声，怎么可能读不懂这本书？但如果父母非要孩子逐字逐句背诵默写，那再怎么有天赋的孩子，其发展和成长也会被父母的无知所限制。

　　让孩子自由地阅读他们喜欢的书。适当的时候，给孩子一些更难的书尝试。阅读的基调是永远保持快乐、轻松。父母一直坚持对孩子阅读能力的信赖，在家中存放足够的书籍。在今天这个家庭启蒙教育资料极为丰富的时代，孩子在小学的阅读能力就有可能超越父母一代大学时期的阅读水平。我见到很多这样的案例，这并不神奇，这是这个时代应该有的阅读的力量。

关注孩子的"阅读速度"就确定了孩子的未来成就

如果不写论文、不发文章，1965 年美国刺柏花园儿童项目里，哈特和里斯利的发现及数据对今天的父母已经没有任何意义。

贫困家庭因父母的水平所限，孩子在进入小学之前，在家庭中能够接触的词汇量太少，以至于他们和富裕家庭的孩子的差距，无法通过刺柏花园儿童项目提供的专业教授的补习而有所缩短。

哈特和里斯利的研究显示，一旦孩子的语言处理速度低，后期很难通过补习来提升学习成绩。

但在今天，各种免费或者收费很少的音频资源非常丰富，孩子博览群书的花费非常低。更有一些文字转语音的设备，可以把孩子读不懂的文字书直接变成有声书。即便是只字不识的老人陪伴孩子，只要设备安排好，孩子也可以享受在丰富的语言文化环境之中任大脑飞速发展。

在《改变，从家庭亲子阅读开始》一书里，我提出了跟读可以提升孩子的文字阅读速度的理念。这部分也有相关的实验数据的沉淀和分析，部分论文已经在撰写和投稿之中。

在本书中，我进一步提出对孩子的文字阅读速度进行量化，并持续做这个数据的追踪研究。一旦确定了孩子已经具备了稳定的阅读速度，那么保持和提升这个速度，就成为父母有抓手的分析思考方向了。

比如，发现孩子情绪不好的时候，英文阅读速度大概 7000 词 / 小时，洗澡之后 9700 词 / 小时。爬山回来，非常困顿的时候，阅读速度只有 5000 词 / 小时。遇到并不是那么喜欢的书时，阅读速度降至 3000 词 / 小时（磨洋工）。这样的数据，就给了父母分析的依据。

3000 词 / 小时已经远远低于孩子通常的阅读速度，那就放弃那本书，换其他书。既然发现孩子的情绪对阅读速度有那么大的影响，就要明确"陪伴里每一分钟的快乐，都能让家庭看到更远方"这句话的意义。如果有一天发现，即便接下来有一件孩子特别盼望的事情，比如，约好和小伙伴玩儿，盼了好几天了，去之前，阅读的速度不仅没降，反而更快了；发现即使偶发的孩子情绪不好，但阅读速度还是维持在不错的水平。这就说明孩子的阅读能力和心理稳定性已经非常不错了。

自由自主阅读，是比固执地老生常谈读书有多么重要、读书再苦也要坚持、一味地教育孩子并说一些连自己都做不到的"至理名言"，更要实际得多的阅读培养方式。孩子快乐，父母轻松，效果奇佳。

糟糕的卡通

有没有发现，孩子看卡通越多，越容易躁动，也越自私。他们有了一个特别合心意的好玩的虚幻世界，比现实世界有更多的欢乐。卡通成了亲子关系最大的隔阂，孩子潜意识里感受到，看卡通，甚至比和爸爸妈妈在一起还要欢乐。

其实没有卡通，孩子照样是孩子。他们天真爱幻想，有爸爸、妈妈读的故事绘本，就能很快乐，亲子关系没有隔阂，孩子多参与家庭活动，做一些家务，都会让孩子越来越珍惜爸爸、妈妈。

如果卡通比爸爸、妈妈更重要，那就糟糕了。

我们成人一拍脑袋，给孩子设计了很多卡通，以为能让他们学会真善美。但是你看哪个孩子看了卡通，然后发自内心地爱妈妈、爸爸，懂得知冷知热，懂得人间疾苦，有了大善之心、明了大美之义？

没有。也不可能有。

看卡通到头来还不是让孩子变得更加自私、更加沉迷于虚幻的狭窄的小世界？父母把正播放卡通的电视机关了，试试看，哪个入迷的孩子不在心里骂娘？

　　我们用幼稚的办法对待小孩子，以至于他们未来，连成人都做不成功。

　　为什么初中之前，最晚高中之前，不给孩子读一些像《置身事内：中国政府与经济发展》这样的书，让孩子更早看清楚世界，更早有担当之心？那样的世界一定会更加坦荡。

　　寄希望于虚幻的未来，不如聚焦于眼下孩子手里捧着怎样的书。

　　卡通少看一点儿，幼稚的幻想少一点儿，孩子也不会不像孩子的，也许能成为更像样儿的孩子。爱因斯坦没看卡通，也说出了想象远比知识重要。（Imagination is more important than knowledge.）

《置身事内：中国政府与经济发展》封面

孩子的身体大脑"软硬件"协同和平衡：睡眠和护眼

　　读书的孩子，应更懂得如何护眼。目前学界比较认可的观点是户外高强度的光照水平，能够使视网膜上的多巴胺的合成和释放量显著增加，从而有效起到控制眼轴增长的作用，抑制近视发生。有的父母想通过室内补光来实现，是不现实的。因为，户外光照水平能达到10000勒克斯以上，而室内一般都在1000勒克斯以下。孩子在户外高强度的光照条件下，视网膜会释放出更多的多巴胺，起到抑制眼轴增长的作用。有学者指出，根据以往横向研究的结果，孩子大约每天在户外活动2小时，就可以起到降低近视眼风险的效果。有研究结果显示：非近视眼的人平均每周户外活动时间是11.65小时，而患近视眼的人仅为7.98小时。

　　为了更好地结合科学研究成果，保护好孩子的眼睛，避免罹患近视，建议家长尽早给孩子建档，定期检查视力。也可以以11.65小时作为底线标准，详细记录孩子在户外活动的总时长。我和孩子还有妻子，养成了周末一定要去爬山的习惯，风雨无阻。每次都要在山里待上5～6小时，这也成为孩子护眼的一种保障。

《超常儿童心理学》中提到了关于孩子睡眠时间的安排。睡眠无疑是家庭培养诸多事务中需要置顶的一项，即Top1。无论什么事情，都不能妨碍孩子的睡眠。有的父母因为孩子练琴、书画、作业，而使孩子的睡眠时间延迟，总觉得偶尔为之不是大事。殊不知，这样的做法就是得不偿失。孩子能睡一夜好觉，睡10小时以上，是比多做两页题、多练一小时琴不知重要多少倍的。

《超常儿童心理学》中提到了
关于孩子睡眠时间的安排

孩子每天的睡眠时间可参见本书第一章的相关部分。

"听看识理坐读用"七个维度提升孩子的智力能力

家庭育儿有四步：① 观察了解孩子；② 熟悉成长节奏；③ 对话鼓励促进；④ 结果静待花开。

听：提升阅读能力从听开始

大脑的工作语言是声音语言，即便我们在阅读文字，文字也是转变为声音（话语声）进入大脑的。所以，能读懂实则是能听懂。听懂语言，对阅读文字而言，就成为非常必要的前提。

如何能听懂语言？"听清"，既是语言学习的前提，又是关键。

可以联系学汉字时，最初要学习偏旁部首，也就是从拆解汉字到组合汉字这样的思路进行思考和理解以下的说法：练习听懂英语，需

要从拆解每一个单词的读音，
再到组合单词。每一个单词的
读音，都可以被拆解为特别细
小的单元。这样的单元叫作"音
素"。可以对应偏旁部首和汉
字之间的关系，来理解音素和
单词之间的关系。中文里的音
素，我们上学的时候应该都学
过，称为声母、韵母；英语里，
最小的声音单元，我们称为音
素。

　　练习听懂英文单词，需要
从听清英文单词开始；练习听
清英文单词，需要从听音素开
始。

　　从偏旁部首到汉字书写，
只需要一步，从音素到听清听
懂英语，就不止一步。

英语里的 48 个音素

听力练习的全路径

英语的听力练习，大体可以分为六大步骤：

①音素；

②联合发音；

③单音节同韵词；

④多音节单词；

⑤短语短句；

⑥长句。

这六大步，每个步骤都需要听和跟读相结合。孩子听完了音素，要引导孩子跟读音素。听完了联合发音，要引导孩子跟读联合发音，依此类推。

英语听力练习的六大步骤

看：大脑获取的信息 80% 来自看

很大可能，孩子的数学启蒙来自看，会有一个从线条到形状、从平面到立体的逐步认知过程。

从孩子出生起，就要尽量多留意孩子能看到什么。要让孩子看到更多的元素，其中就包括对于婴儿床周边的布置，以及一些实用家庭亲子互动教具的使用。

比如，黑白卡、分类卡、彩色卡、联合发音卡、英语声旁卡、单词卡，还有绘本、实物等。当孩子听不懂语言的时候，家长也可以抱着孩子看一看绘本上的图画。也可以用手指着家里的物件摆设，让孩子去看。妈妈在这方面是天生的好手，会无师自通地一边看着孩子，一边指着自己轻道着：妈妈；指着自己的眼睛、耳朵、鼻子、嘴巴，说着相应的词语……给孩子看的内容越丰富，孩子的大脑就可以得到更好的刺激。

人类大脑中，有超过 100 亿个脑神经元。神经元之间通过突触进行联结，这种联结越密集，大脑就越聪明。我们给孩子五感越多的刺激，突触的发生就会越多、越密集。

在合理的范围内，在不影响孩子的睡眠、正常发展的前提下，给孩子看的素材越丰富，孩子越聪明。

看卡片要遵循"闪看"的原则

闪看，就是卡片在孩子的视野里停留 0.6～0.8 秒，让图像在视野里非常快速地出现、消失、再出现、再消失……闪看的频率，可以根据自己的实践进行调整。可以一分钟给孩子闪看 60 张卡片，也可以一分钟给孩子闪看 15 张卡片。

宝宝两个月大时，就可以给他看黑白卡了。黑白卡是根据小龄宝宝视觉能力发展的规律，精心选取的黑白相间、对比强烈、轮廓鲜明、图形相对简单的图片。图案主要分为经典黑白图形、线条韵律、黑白轮廓，以及生活中常见的物品、动物、植物、人物等。

黑白卡

宝宝 3 个月就可以给他看分类卡了。宝宝在很小的时候，就具备了一种能力，他们能够非常清楚地区分两类事物，比如，狗和猫，甚至可以把马和斑马很好地区别开来。你会发现，如果你拿了一张特别像狗的猫的卡片给宝宝看——现在很多人喜欢这样装扮自己的宠物，宝宝能清楚地告诉你这是猫，不是狗。父母可以通过宝宝的这种能力刺激他的脑发展。方法就是，在宝宝 3 个月时给他看分类卡。

分类卡

宝宝 4 个月时，能区分红、黄、蓝、绿 4 种基本颜色，此时我们就可以给宝宝看彩色卡了。关于给宝宝看黑白卡和彩色卡的具体时间，业内说法不一。有的认为，宝宝 0 ～ 6 个月大时，就可以给他看黑白卡，6 ～ 12 个月大时，就可以给他看彩色卡。

昀爸®系统语言学方法摸索与实践

昀爸方法"看"的步骤

识：通过"看""听"结合进一步提升孩子的阅读能力

识，就是在孩子看到的同时，对孩子看到的事物进行话语描述。比如，给孩子看苹果卡片的同时，一边闪看，一边快速读出 apple 或者汉语的"苹果"，实现看听结合。

看听结合，不需要注重孩子语言层面的反馈，而需要在意孩子是否专注，以及看听结合的信息量。比如，15 分钟是一次"识"的练习比较好的持续时长。这个时间段里，给孩子闪看 300 张单词卡片，母亲一边给孩子闪看，一边用文字转语音设备读出卡片上物体的名称。这就是一次很好的通过"识"提升孩子阅读能力的训练（玩儿的一种）。

理：开始阅读绘本的一步

有了一段时间看听结合的积累，孩子就可以看一些绘本了。孩子能不能理解绘本里的意思，理解绘本中涉及的语言、词汇、语法，这些父母都不需要操心。结合自由自主阅读的相关知识，使用自由自主阅读的方法，父母陪伴孩子读更多的绘本，读更久的时长，孩子的阅读能力自然会快速提升。

昀爸®系统语言学方法摸索与实践

昀爸方法"理"的步骤

坐：坐下来，让孩子的未来在你的怀中展开

这些年的体会是，父母陪伴孩子能坐下来，坐很久，这既是方法也是成果。在这个过程中，父母持续经年地耐心陪伴，不急不躁，给孩子自然发展的舒适空间，给孩子提供发展所需的诸多素材滋养。在父母的怀抱中，通过怀抱坐立式阅读绘本，孩子的心理稳定性和智力能力会得到非常大的提升。

怀抱坐立的动作看似简单，却是对家长心理和生理的双重考验。很多妈妈最初尝试这一方式时，总感觉不得要领，孩子或是爬开，或是跑开；看着学习群里老学员执行得力，每天带着孩子读几十本甚至上百本绘本，心里自然着急、焦虑。

再者，妈妈尚未熟练运用这一阅读技巧之前，即便孩子坐定了，安静看书了，可是对完全不会英语的妈妈来说，听着不懂的语言，看着孩子开心地和绘本互动，自然也会感到紧张和压力。这些心理上的困难都是不可避免的。

生理上的困难又是怎么回事呢？当孩子绘本阅读渐入佳境后，他们根本停不下来，会一直要求读、读、读。在此过程中，妈妈要始终陪伴左右，连续坐一小时甚至两小时，对于妈妈身体素质的要求可想而知。妈妈若是缺乏锻炼，考验自然不言而喻。

用怀抱坐立的方式陪伴孩子阅读一年，就可以一点点放手了。有条件的父母，当然还可以继续，而对于事情多一点的父母，需要工作就去工作，因为孩子可以独立地进行阅读了。

读：用自由自主阅读的方式阅读文字书

读之前的步骤是，让孩子在大量的练习和阅读绘本之后，听懂越来越多的英语／母语汉语。通过越来越多可理解的文字语言积累，在 5 岁左右开始学习自然拼读，大约 2 周（统计 3000 多位读者孩子的平均值），就可以完全学会自然拼读。然后，继续按照自由自主阅读的方式，让孩子畅读文字，持续持久，培养每日阅读文字书籍的习惯。

用：就是和语言的互动

通过阅读的数据量化，就可以掌握孩子阅读能力的发展情况。让孩子严格遵循自由自主的阅读方式阅读越来越多的文字书籍，就可以在长期记忆中积累常识及词汇，提升大脑工作记忆的效率，从而进一步提升孩子的阅读能力。伴着阅读能力的提升，孩子的总智力能力，以及孩子的情感智力都会得到稳步提升。

孩子的语言能力

完全不翻译，学习英语会很快达到高水平。

其实所有的中英双语的书籍，哪怕是绘本都应属于"专业资料"；一般是在具备了中英文"阅读专业书籍"能力之后，那些想从事专业翻译工作的人，才可能会用到这些"专业资料"。这样看，中英双语的绘本就属于"鸡肋"了吧。

孩子，特别是小龄的孩子，没有像成人那样"学了"很多年英语，也就不会有各种不好的语言学习习惯。孩子学习英语，简单直接，阅读英文，不会想着要翻译，阅读一本 400 页的全英文书，阅读过程中孩子头脑中不会出现中文，因为不需要翻译，也一定不要有中文翻译，affirm 就是 affirm，astronaut 就是 astronaut。这样下来，花 3～4 年时间，读几千万字，小龄孩子一般读到 3000 万字，就会具备很好的基于英语的思维方式。这样通过阅读就能成功学习一门语言了。

翻译，是发生在这个过程中以及在此之后的，也分两种情况：1. 孩子头脑中自然形成中英文互译，但阅读过程中一般不会出现翻译；2. 如果孩子未来想朝着专业口译、笔译员的方向发展，才开始学习翻译，才购买英汉、汉英词典。

如何让孩子的阅读能力"超常"

干政的家人自小发现他的学习能力惊人，2 岁半已经背下 30 多首诗词，3 岁时能数 100 个数，4 岁会 400 多个汉字，8 岁能下围棋并熟读《水浒传》。

宁铂 13 岁时，他父亲的好友倪霖是江西冶金学院的教师，来家做客见到宁铂在看大部头的唐诗宋词，就想考考他。出乎倪霖意料的是，无论是对诗词还是对对子，13 岁的宁铂都是对答如流。

以上是我国 20 世纪 70 年代非常有名的三大神童中的两位的阅读能力的表述，前文也交代过。这在今天看来已平常无奇。因为，和那个年代相比，我们有了更加优越的物质生活条件，父母的早期教育意识更胜。更为关键的是，借助互联网的力量，我们在家就可以利用手机给孩子购买各种书籍绘本、教具卡片；从电脑上就可以查阅国际顶级期刊上的研究资料文献；利用互联网可以让孩子旁听知名大学的精品课程。这种家庭教育的便利，是连世界级的数学家陶哲轩（1975 年 7 月 17 日出生于澳大利亚）都不具备的。那时，陶哲轩的父母想给他跳级听课，只能找校长去疏通。今天，只需要购置一台电脑，联上网络就可以了。

通过我在《改变，从家庭亲子阅读开始》一书中讲述的方法，我们很多读者的孩子因为重视阅读，孩子早期培养得都很优秀。

昀昀 6 岁

2 岁"嗜书如命"；

3 岁双语可以流利交流；

4 岁可以独立阅读英文书籍；

不到 5 岁高分通过国际成人英语口语口译考试 (ISEIT) 一级；

5 岁可以阅读英文版《哈利·波特》；

5 岁半能够阅读英文版哲学著作《苏菲的世界》；

6 岁可以熟练玩 12 岁到成人的玩具；

6 岁半阅读完英文版《哈利·波特》(1 ～ 7)，计 300 万字。

桐桐（2019 年 4 月出生）

1 岁 8 个月通过听音频，能背诵将近 200 首古诗，能阅读中文绘本一小时；1 岁 9 个月开始跟随作者启蒙；2 岁能中文看图讲故事；2 岁半能大段输出英文；3 岁时能英文输出逻辑性强并且生动有趣的小故事，能自由跟国外小朋友交流；

3 岁半时，已进行系统跟读 7 个月，每天跟读 1 小时，跟读到小说《书虫》入门级，并且能够深刻领悟小说中的内容和情感；

不到 4 岁，初次接触英文版数学启蒙绘本，短时间内自学掌握数字 1 ~ 10，并能理解数量之间的关系（这个数学水平虽然不算什么，但可以说明，即使低龄儿童，也可以通过所掌握的语言，自学其他学科）；

4 岁时，能一边用磁力片搭出复杂的结构，一边用英文进行讲解。

Anson（2020 年 4 月出生）

2 岁半跟随作者启蒙，在之前，英文绘本累计阅读 2000 册以上，中文绘本累计阅读约 1000 册；

2 岁 6 个月能拼 6 片拼图，2 岁 11 个月能拼 48 片拼图；

2 岁 10 个月能每天自己朗读英文绘本 30 分钟；

3 岁 1 个月跟读牛津树绘本 30 分钟；

3 岁 2 个月牛津树读到 8，RAZ 读到 i 级别，红火箭读到流畅级；

3 岁 2 个月可以自编自唱中文歌曲（得益于每天听古诗和昀爸熊宝的人文历史故事）。

润润（2016 年 9 月出生）

5 岁半开始自学小学语文，5 个月零 11 天读完整个小学阶段 12 本语文课本，识字量达 3500 ＋；开始自主阅读《三国演义》《西游记》原著；古文经典《论语》前 4 章背得滚瓜烂熟；

喜欢做家务，给妈妈做的红烧排骨赞不绝口；

精细动作灵活，喜欢玩魔尺，被老师同学称为"魔尺高手"；

擅长大运动，轮滑、跑步、跳绳、游泳等，目前跳绳可以完成一分钟 200 个；

6 岁 8 个月被选拔进入初一数学专项对点训练，忘记时空，能达到痴迷状态；

润润英语启蒙跟随作者的系统方法学习，仅用半年时间，在超越阅读项目中，养成稳固的阅读习惯，已经读到英文原版初章书，英文词汇量积累 2500+，可以自主输出英文。

子惟 (2019 年 12 月出生)

2022 年 5 月跟随作者启蒙，开始接触拼图，一年时间拼图可达 600+ 块；

阅读习惯好，思维敏捷，运动、睡眠都很规律，不给书就大哭；

英文阅读已经读到英文原版章节书，英文词汇量积累 2500+，3 岁时的他可以用英文讲故事。

欢欢（2016 年 5 月出生）

2 岁半开始跟随作者启蒙，养成良好的学习习惯，自主学习拼音和汉字；2 个月识字量突破 2000；6 岁可以拼读牛津树 9；可以 1 分钟完成三阶魔方复原；可以独立完成 10 层汉诺塔。

甜甜 (2016 年 8 月出生)

3 岁半开始跟随作者启蒙，能自由自主阅读蓝思值 900 ～ 1000 的英文小说；酷爱阅读《夏洛的网》《龙骑士》《奇迹男孩》《寻龙传说》《狮子王》《冰雪奇缘》等英文原版小说。

学习的学问

可理解限制了孩子天生具有的快速学习能力

从 2016 年第一次线下和家长们接触，分享语言启蒙的经验，我发现，学历高的家长，往往固执地把成人对于学习的理解强加给孩子。他们一方面认为自己的知识无论从结构体系，还是深度与广度，远远超过自己的孩子，智力能力、学习能力也都强于孩子。所以，总是以居高临下的姿态强压孩子一头，以神一样的姿态，让孩子感受他们的无所不能的同时，对孩子的心理和身体施加以爱为名的打击。

我以阅读为例来说明。在阅读上，每个字词都要孩子读准确，能理解，会翻译，可讲解。我甚至见过父母要求孩子就一首古诗的押韵下了几天的工夫后，一定要让孩子朗读出他们认为的诗词的韵味。即便是丘成桐、张益唐、居里夫人年少时，如果父母是这个样子，估计他们一生都不会喜欢上古诗词，更不要说在学术上取得什么成绩了。

如果父母不懂什么叫学问，不懂得如何学习真正的学问，就尽量不要教孩子，我将这称为"不教之教"。不教之教，不是说父母不能成为孩子的启蒙老师，而是父母能成为专业高水准的启蒙老师。利用手边书，给孩子读故事，但别自己发挥乱讲，也别自以为是地考核孩子。可以结合孩子的成长给孩子买书、买玩具，让孩子自己玩儿。千万不要打扰孩子玩儿的状态，别乱教，看到孩子玩儿得吃力的时候，别生气着急。

"不教之教"，是针对父母或者机构的那些所谓老师对孩子学的任何内容都强求"可理解"而言的。只要父母怀疑孩子是否学会了的念想还在，孩子就很难真正专心投入学习中，很难真的爱上什么学科，很难快速地学会语言、学会阅读，并在很小时开始着手学习一门学问。

"堆叠法"让孩子具备超过常人数倍的学习效率

这种方法很多著名的科学家都在使用，比如，丘成桐。他在自传中回忆说："我一直喜欢同时考虑几个题目，当一个题目过不去时，便可以转到另外一个上去。如果这些题目具有某些共通之处，那么从某题目中得到的新想法，或许可以应用到原来的题目上去。"

我们常见孩子因为某道题目做不出来、某段乐曲拉不到位、某个体育动作做不准确，就被父母或者教练训斥。这是非常笨的教育方式。今天，父母应该学习一下如何合理科学地让孩子的大脑高效运转。要了解大脑的运作机制，要给大脑充分的养分，使其健康发展。父母要学会如何帮助孩子使用他们的大脑。

所以，学习上，我给大家极力推荐一种高效且科学健康的方法——"堆叠法"。这个方法可以让孩子喜欢，学习高效，父母省心。

学习，不外乎三大步骤：引入、理解、通达。比如，我的孩子一年级就已经开始自主学习分数知识了，他用可汗学院（Khan Academy）以及国内的教材书籍自主学习。当他认识了分子、分母时，分数的相关新知就被引入孩子的视野，这样就完成了第一步——引入。

第二步，看看孩子是否能理解所引入的新知。

第三步，孩子结合新知，解决相应的数学问题，即为通达。

以上三步，每一步都应该科学合理，不应该急吼吼地拔苗助长。

第一步引入新知，是我的孩子自己愿意的，我完全不干预，更不会强迫。我只是问问他，有些新的数学知识和书要不要看看。他说要，我就给他。

第二步，孩子的理解需要时间，每个孩子都不一样，有的孩子反应快，长期记忆有相关储备，工作记忆加工速度都快，理解也就较一般孩子更快，这很好。但从一门学问的深度来反观，比如，从数学的深难看一个聪明的孩子，理解快，并没有什么了不起。还是需要更久的时间投入和持续的专注力和热情。有些孩子，各方面条件都弱一些，理解需要更长的时间，这完全不妨碍他 / 她日后会成为一名数学家。

但如果课堂上刚讲完，课下父母就急于让孩子立时理解，还要大量地做题，求其通达，这未免强人所难，对孩子势必造成心理和生理上的巨大伤害。

使用"堆叠法"，孩子对学习会持续保有积极的兴趣和乐于探索求知的态度。新知识引入之后，并不要急于确定孩子理解了多少，等一等再说。几天之后，再把讲过的新知拿出来问一问，看看经过几天在孩子大脑中的运作，他 / 她理解了多少。可以结合孩子的理解，再讲一讲，这次可以更深入一些，也还是不求他 / 她立时理解。等待的几天时间里，可能很多其他新知也都穿插了进来。

　　按照传统对学习的理解，如果一周有 15 个新知，孩子通过死记硬背，可能学会了其中的一些，但一定不能学会全部。如果按照"堆叠法"，一周可以讲几倍的新知，但孩子不会在一周之内全部理解和通达，也许再需要一两周，也许需要一两个月，但总体上看，孩子最终会通达所讲的所有新知，而且不生厌烦；积极主动，灵活运用知识，会有很好的自驱力，去求更加艰深的学问。

不教之教——输入要远远大于输出

　　两个人，一个人说：一个马，一只车子；一个人在非常工整地书写着一段宋词，字字书法飞扬，毫无差错。我们说这两个人，哪一个是父母所期待的呢？很多父母会说是那个写字好的。但如果我告诉你，说"一个马"的是美国著名哲学家乔姆斯基，其《句法结构》被认为是 20 世纪理论语言学研究上最伟大的贡献；另一个是正在黑板上写板报的小学四年级学生。你会怎么想？

　　在入学之前，或者在孩子的长期记忆储备没有达到一定水平的时候，输出都是消耗。正如本书序言中的一句话：学习是一种消耗。在孩子爱上一门学问之后，学习就不再是一种消耗，而变成了一场马拉松。

　　让孩子停下阅读，接受父母的考查考核，考查孩子一个汉字的读音是否标准，一个汉字的书写是否接近书法家描红，一个单词的翻译是否精确，一个语法结构是否掌握，且能造出无瑕疵的诸多例句——这些都是对孩子学习能力的破坏，破坏孩子的智力能力提升和脑发展。

昀昀在专注阅读英文版
《奇迹男孩》

安静地阅读输入，安静地玩玩具，开心快乐得前仰后合，这应该是每个孩子都需要经历几年的宝贵积累。我们可以将其称为输入，即把世界的信息输入孩子的大脑。如果我们想要安排所有的细枝末节，单词该怎么读，语法该怎么背，那就好像买了一辆跑车然后推着走。很多父母完全忽视了大脑的力量。大脑怎么运作，前文已有不少论述。大脑是可以这样的：开心快乐地阅读、玩儿，尽情地让孩子输入世界的信息。然后，由大脑来自发成长，塑造孩子的智力能力。从而有一天，一边阅读《时间简史》，一边给父母讲解他们完全听不懂的宇宙学。

我们不需要"翻转课堂"而是"移动课堂"

每天早上我送孩子上学，会把下午接他回家以后的安排说一下。比如，告诉他，回家洗手换衣服，然后再洗手，吃下午茶点。功课有六项：1. 用 5 分钟记忆圆周率和小九九；2. 阅读新买的英文小说（*Out Of My Mind*），10 个章节共 89 页；3. 玩会儿玩具，选择 3 款益智玩具，每款过 2 关；4. 可汗学院（Khan Academy）学习 1 ～ 2 个新的知识点，做一些练习；5. 做 200 道数学计算，不限时间，不管对错；6. 继续听《超新星纪元》，边听边拼拼图，或者画画都可以。

这是根据我的孩子目前的学习速度和能力所做的安排。其间，我们还会在户外骑一会儿自行车，每读 20 分钟就远眺护眼，抱着一起发一会儿呆，时间安排得并不紧张。

这样，早上的路上，我就不再谈其他，因为路上人不少，我和昀昀的身高差距不小，聊起来不大声不行，但太大声又不雅。路上的其余时间，孩子会思考他的心事。

放学路上，我们可以聊一聊，因为下午 3 点接孩子的家长不多，我们会在路上谈一谈学校里的一天，但都是有一搭没一搭地聊，我从不给孩子压力，不会追根刨底。

每次跟孩子外出，在路上，我都会开启车载播放器，跟孩子听一会儿巴赫，或者听那段时间正在听的小说。特别是爬山的时候，因为每次进山都要 6 小时以上，所以我们几乎可以听完一整部小说。下山回城，大家都会感觉仿佛从另外一个世界、另外一个时空，回到了熟悉的现实。无论去哪儿玩，我的书包里总要给孩子带上一些书和玩具。

当然，还有很多时候，我们是放空地在野外走，穿越山林。就好像吃得太饱了，出外散步帮助消化。靠阅读和玩儿积累的知识，需要给孩子一些时间，慢慢消化。

可汗学院的创始人萨尔曼·可汗在他《翻转课堂的可汗学院》一书中举了一个例子：老师在课堂上向一个孩子提问，孩子紧张了半天颤抖地给出了一个答案。答案当然是错的。老师看到女孩的回答和实际答案差距很大，就问：你是在猜答案吗？可汗就此论述他的观点：在老师看来，他们是在帮助学生，但从学生的角度看，如果老师不改变对待学生的方式，学生很难体会到老师是在帮助他们。老师向学生提出问题，希望学生能立刻给出答案，这一过程无疑给学生带来了压力，因为学生不想让老师失望。有的学生甚至觉得和老师交流，或者告诉老师自己理解了什么，还有哪些内容不理解，是一件难为情的事情。

由此引出了 1922 年，由沃什伯恩（C.W.Washburne）在美国伊利诺伊州芝加哥市郊"温内特卡镇"采用的全新教学形式——精熟教学法（温内特卡是美国当时最富裕的城镇之一）。

传统教育体制中，师生需要在固定的课时内完成对知识的引入、理解、通达。时间到了，就要进入下一个知识点。这样的教育面对的一个事实是，每个学生的学习能力不同，对课程的知识点掌握的程度也都各不相同。

精熟教学法则不同，每节课不是按照时间划分的，而是根据理解程度和成绩来确定的。学得快的学生可以做一些巩固练习，学得慢的学生会有单独的辅导，会有同学帮助来完成学习进度以及完成不了的作业，从而赶上进度。

传统教育制度下，用于学习的时间是个常量。这个常量带来的结果是，学生对知识的掌握成为变量。沃什伯恩与此相反，认为教育中的常量，应该是学生对于知识概念的高水平理解掌握；变量是为达到该目的，教育者和学生共同花费的时间。

当然，这样激进的教育方式，最终还是在客观现实中慢慢消失在历史长河中。再次强调，作为父母，我们绝不应该对现行的国家教育体系、学校、老师，有半点怀疑和不满。对体制内学校的充分认可，才能让我们清醒地看待家庭教育培养的不可忽视。

可汗学院是一个不错的课外教育辅助工具，父母可以根据孩子的学习能力和兴趣，有选择性地玩一玩。也推荐父母阅读《翻转课堂的可汗学院》这本书，该书得到了清华大学心理学系主任、加州大学伯克利分校心理学系终身教授彭凯平，清华大学教授、浙江大学竺可桢学院原常务副院长陈劲，美国前副总统艾伯特·戈尔，微软公司创始人比尔·盖茨，谷歌公司董事长埃里克·施密特，TED 大会创始人克里斯·安德森，2013 年全球首富卡洛斯·斯利姆·埃卢等人的推荐。

但身为父亲，我完全不认可可汗的"翻转课堂"的提法。我们父母需要的并不是颠覆前人数代努力建立起来的稳固的教育系统，而是需要长治久安，稳定的体制内，学校就是最好的选择和成长依靠。我们也要注重家庭教育培养，但不需要"翻转课堂"，而是需要"移动课堂"——无论孩子走到哪里，都要让他快乐地学习这个世界。父母要把需要的素材资料准备妥当，以备不时之需。

昀昀在可汗学院自学

系统地分享书单最实在

读了刘道玉先生的《中国高校之殇》，这书现在好像买不到了。也看了《盗火者》全集，想想里面那些人的理想，好像和我带孩子一点关系也没有。他们只想改变，不想变通，那就对我眼下带孩子一点实际意义也没有了。

我一直觊觎陶哲轩的阅读书单，能找到的只有那本《陶哲轩教你学数学》。系统书单，他和他的妈妈都没有分享。真的好期盼！

生活里总是会遇到一些家长，当提到孩子时，就会说去了哪儿哪儿的什么大学，这种分享有啥用？为什么不说说孩子现在读什么书？

我很想听到一个 5 岁孩子的妈妈说说她家孩子在读什么书，很想听一听一个 15 岁孩子的妈妈说说她家孩子读书读到哪个专业里了，是怎么一路读过来的。这个有用，特别有价值！

那么多厉害的专家教授，怎么就不能列出一份针对一个专业的详尽的阅读书单呢？要是能更好，就进一步分享书和书之间的关联性，怎么带入，怎么搭桥，怎么叠加穿插，怎么补足。肯定有很多人能分享，但很少有人做这样的分享。

眼前，就特别希望有机会问问张益唐先生，孩子六七岁，除了《几何原本》《数学史》《数学原理》，以及与微积分相关的几本书以外，我手里还有几十本帮助孩子接近数学的英文原版书，都在给孩子试。在数学家眼里，还有哪些适合 7 ～ 10 岁孩子读的好的数学书？还有，拓扑能不能先学习？

我也能试，也在试，但更希望遇到带孩子的同行，听听他们的分享，自己也能喘口气。

"孩子最近在读什么书呢？"父母间这样的交流分享，特别必要，特别实在。孩子读什么大学，自己知道就行了，不重要，其实那是最不牢靠的对赌，也因为 CG-4，输的概率变得非常高。

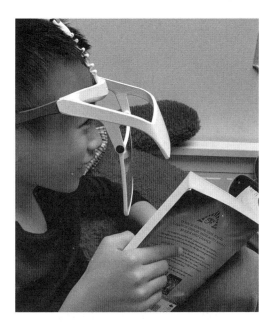

CG-4 出来了，意味着至少计算机专业基本可以放弃了。孩子肯定不需要再学任何种类的编程了，因为学编程会变得极其简单。也因为，当程序有了生命时，就不再需要人类去碍手碍脚了。

读书，因为 CG 的出现，成为孩子未来安身立命的要件。

对孩子来说，阅读是无比快乐的

让孩子爱上数学的学问

严师出不了高徒

严师出不了高徒，"严"字理解错了！你了解我的孩子吗？完全不了解。

但父母们总能在各种教室里，看到很多完全不了解别人家孩子的"严师"，以"我是对孩子负责"为口头禅。这就像车子挂了一挡，"严师"玩儿命在高速上踩油门！感觉像是给了自己和家长、孩子一个交代，而且自得其乐。

严师出高徒的"严"字，应该是对孩子成长节奏的严格要求，过程一定是快乐的，必须快乐。因为结合近代脑发展和心理学的研究发现，只有在快乐的时候，孩子的工作记忆才能发挥更好的效能。

孩子要自己轻松自在地学习，效果才最好。既不需要"严肃、严厉、严惩"式的父母老师，也不需要夸张带节奏的搞笑教师。正常一点儿就可以了。

无论英皇八级，还是中央音乐学院十级，都是可以取得的，但通过这个过程培养音乐家就非常难了，因为父母不懂孩子，很多机构所谓的老师，她们教孩子音乐，并不懂音乐。

还有很多英语老师不懂英语，数学老师不懂数学，物理老师不懂物理。但没有关系，因为这些老师都是帮助孩子到达相关学科，之后孩子通过自主学习，如华罗庚般地走进相关学科的"圈层"。只要父母懂得挂挡，知道"严"的逻辑，就有机会帮助孩子实现大成。

早上 7 点起床，我打开音响给昀昀播放《白鲸》（*Moby Dick*），听一小时。在吃早饭之前，做了两款（4 关）之前过不去的游戏，记忆了一次 π，轻松到了 230 位。感受他的进步，了解他今天的节奏。

早饭之后开始让他自主学习数学，然后弹琴。在这个过程中我们调整练琴的模式，让昫昫充分放松、自由，感受自己和音乐的融合。弹琴休息的间隙，背了几个数学工具和元素周期表。

差不多弹奏两小时，11 点半，下楼骑车进行户外锻炼。

这个上午节奏快，内容穿插紧密，我能感受孩子大脑的活动状态一直保持在他很开心的水平。我们经常一起哈哈大笑起来。这才叫"严"，严师出高徒。

昫昫 7 岁时，有一天我们正在各自看书，他突然停下来问：

Daddy，你知道世界上有样东西，是永远都不会消失的吗？

我一时间想不到答案，就问：是什么？

昫昫回答：是历史。

我说：还真是，真棒！那你从哪本书里读到的呢？

昫昫说：是我想到的。

不读书但成绩好的学生

上野健尔曾说：没有适合所有人的好教科书，适合朋友的好教科书未必适合你。这是由于每个人的知识结构不同，对数学的理解不同。但你必须找到适合自己的教科书。

很多学生在学校成绩很好，但他们是不读书的，也许终其一生都没有读起书来。

考试和读书，彼此间并不存在直接相关。能很好阅读的学生，也并不一定成绩名列前茅，但很可能有条件做一些学问，并因此找到属于他们的人生意义。

成绩好的学生不能定义他们是好学生，或者应该有个定义范围，那个范围其实是很小的，小到对人生几乎没有太多意义。

很多不读书但成绩好的学生，成年后，往往会抱怨甚至宣扬读书无用。但殊不知，他们只是没有真正地读过书而已。特别是那些鼓吹读书苦、苦读书的人。

上野健尔在初读岩泽健吉的《代数函数论》时，因为还没有学过复分析学，不知道代数函数域的赋值对应着相应的黎曼曲面上一点这样的事实，因此没有办法阅读此书。在用几个月时间学习了开启这本书必要的一些工具，包括复分析方面的数学知识之后，反复阅读此书，才有所入门。

读书人是把每天因阅读思考而生发、积累的力量内化，向内使劲儿。思考自己的不足，思考自己该如何提升。遇到问题，不从外界找原因，而是从自己身上找。找外界的麻烦，自己的问题会更麻烦。改变自己，说改就改。读书，也是为了寻找自省提升的办法。阅读，才更有魅力，更有实际意义。这样看来，真正的读书人定是国家和社会的积极力量。

而考试选拔，一定有它的局限，但已经是很高水平的呈现了。可惜的是，很多父母、老师、学生，钻考试的空子。前文也论述过，明明没有能力出国，却在一些机构的助力之下跑出去。这样出去得稀里糊涂，回来也是一塌糊涂的居多。

国内的考试，无论中考高考，还是考研考博，很多人图省事，只顾着卷面，忘记了人生。人生，需要阅读才能支撑起脊梁。我遇到不少博士，甚至研究员，都不读书，也没时间读书，每天都埋首于自己的实验、研究，查文献不少，抬头看人间不多。所以，也可以由此推测分析，为什么科学技术研究方面跑了"十步"，完全可以助力父母培养非常优秀的孩子，但到目前为止，在科学育儿培养方面，可能连一步都没有走出去。

我很不喜欢让 - 雅克·卢梭，因为他是一个非常不负责任的父亲，不养育自己的孩子，而是把孩子全送到了育婴院。但他在 1762 年出版的《爱弥儿》一书中，对家庭育儿方法的阐述极为"落地"。这是不是那些身在社会、志在千里，却对自己的孩子、家庭不管不顾的一些学者的真实写照呢？"如果你没有造火箭的能力，还是回家多花一些时间带带孩子吧。"这是我这么多年一路所见、所读之后，憋闷于心，一直想说出来的话，就这样留在书里吧。

孩子每天早上到学校开始共读《弟子规》，有一次爬山的时候，我问他：能给 Daddy 讲解一下《弟子规》吗？孩子说，他完全不知道是什么意思，就是每天阅读，都快背下来了。我知道之后，接下来就考虑找时间给他讲解一下。读古文，所为何用？这也是家庭教育适时地为学校教育做一些补充的地方，很可贵，应该珍惜。

读书，不是为了成为精英，站在顶点，而是能更好地"共情"。我记得 2010 年，一所高校学院院长为我引荐他们实验室的负责人，当时我负责一层检测设备实验室，日后会经常碰面，当那位院长扭身和其他人打招呼时，我伸手和实验室的那位负责人握手，对方和我年纪相当，他没有伸出手来，也没有正眼看我。

这件事我记了多年，为的是保持自己对抗这种感觉的清醒的意志。作为人类，或者普通人，我惧怕这样高学历背景的精英。这样的惧怕，是那些没有回复爱因斯坦信件的教授心里也会有的。

通过阅读，成为心智更为健全的如居里夫人一样的人，那才是人类的骄傲。不然，一棵体长巨大的树木，长得畸形，歪七扭八，在万树林间，必然犹如怪物一般，令人惧怕。

通过阅读，孩子能将考试选拔和生活更好地平衡起来，阅读学到的很多知识虽然考试并不考，但能帮助孩子以更健康的方式取得优异的考试成绩，并且，能在进入名校或者甚至不进入高校，也能持久地学习钻研于一门学问。就好像华罗庚那样，做学问是由读书得来，非由考试本身。

"迁移"一直都是心理学比较忌惮的话题。很多读者特别是年轻的妈妈，她们曾经担心而找各种路径询问我的问题，在孩子小学入学以来，都没有出现，反而是大喜过望的事件层出不穷。

昫昫小学第一份比较正式的总结记录——移木

在家庭中培养的稚嫩的孩子，终于从家庭进入社会，很像是园林种植中用的一个词"移木"：把树苗从温室送到种植地。

孩子从非常稳定的"家庭情感场"构筑的环境"移木"入学，从长线发展迅速进入这段异常短暂的"快车"段，从而进入"成仕"阶段，即从小学到高中，孩子大概有 12 年的时间，可以"被发现"。

小学才是真正的"移木"阶段（非幼儿园阶段）。"家庭情感场"所要面对的是几百甚至几千个不同人类的夹击，这个过程依赖于老师的协调。当然孩子要能快速"适应"。"适应"也是人类心理行为最为重要的目的。

在一间长 9 米、宽 6 米、高 3 米、国家要求面积不小于 54 平方米的教室里，限于教室的管理纪律和孩子的移动半径，孩子独立面对的人类数量，从几千压缩到了近百人。这就是入学之前，孩子的准备项目中需要考虑到的问题之一。非身体、言语接触的人类数量依旧很高，行为举止言语等，也会通过视觉和听觉实现接触。

例如，一个课中突然站起、拉下裤子露出私处的男孩，背后至少十几个家庭的情感场，在那一刻瞬间通过视觉及听觉传达到孩子眼中，影响即刻发生。孩子回家，需要告知父母"细枝末节"，对孩子的智商及情感智力 / 情绪智力是双重考验。

关于课业，得益于"双减"政策，坐上"快车"的孩子昫昫，没有感受到太多颠簸。因为成熟——情感智力 / 情绪智力高，会完全化解课堂知识递呈率低的情况。

昫昫独立适应小学这段"快车"的节奏，结交理想、中意的朋友，和老师、学校领导搞好关系，为"成仕"做好充分准备，有更多时间找到自己的发展节奏，有更多时间安静地思考和沉淀，成为进入小学后行为发展的常态。

到目前为止，没有书写类作业，仅一次需要在线上收看的课程及课后作业。重复的部分我帮孩子填写完成，以节省不必要的时间和精力，也考虑对孩子视力的保护。帮助孩子完成不需要他完成的作业，也将成为今后的一种常态。

下午 3 点钟放学以后，会给孩子保持阅读的时间。昀昀已经非常喜爱《三体》，但偶尔会希望阅读简单一些的《哈利·波特》。保持玩玩具的时间、听小说的时间。继续以研究数学为今后的目标，缓慢而可靠地接近数学。

在 6.5～7 岁，小学一年级上半学期，我非常关注孩子的睡眠。幸而一切顺利，入学以来过渡得很好，继续保持超过 10 小时的睡眠。心理稳定性高，判断可以安然和社会发生进一步的接触。特别关注"爬山"，保证每周一爬。

每次我提到孩子自主学习，都特别自然地一带而过，但是经历了很多次无声的质疑之后，在本书需要多写几笔。前述的听、看、识、理、坐、读、用，自主学习语言的方法，随着我之前著作的出版，颠覆了很多读者父母对于语言学习的观念。他们发现孩子真的可以自己学会一门语言，而且，相比一字一句那样教孩子，我提倡的这种自主学习方式，更快、更简单、更有效。

既然孩子掌握了语言，能阅读文字了，只要引导孩子对一门学科产生兴趣，当然可以自主学习。这是我亲历的事实，也是我还在付诸的实践。

把一页题交给孩子，我自顾自地在旁工作，一会儿孩子说："Done."那感觉太好了。既简单省力，又有令人满意的收获感。

当然，到达这一步，需要很多基础。语言方面，之前的绘本书籍读得够不够多？是否足以支撑孩子对于数学题的阅读和理解？玩具玩得够不够多？是否足以支撑数学学习对于孩子智力能力的要求？陪伴和爱够不够多？是否足以支撑孩子长久学习对于心理稳定性的要求？

对于孩子，学习就是玩；对于孩子，数学完全可以成为他／她最喜欢玩儿的事情。

让孩子精于计算的方法

从孩子出生起，父母给他们购买的书籍、玩具等，其中和数学完全无关的是不存在的。我和妻子、孩子一起玩大富翁，每次投掷骰子后都需要计算两个骰子的加和。后来改用转盘，加和的数字更大，眼见孩子的计算速度越来越快。就这样在玩着乐着的过程中，孩子的计算能力得到了提升。

1. 留意无处不在的数学

生活中家长要留意无处不在的数学。倒是不需要那么刻意地连按个电梯按键都要让孩子读出上面的数字，只要家长有这方面的念想，想和孩子玩的时候，有能拿得出来的数学游戏即可。比如，跟孩子念叨一串数字，可长可短，可有规则，也可以没有规则，让孩子根据记忆复述，甚至看孩子能否倒着背诵出来。

13579，可以问问孩子：这组数字的特点是什么？答案是：等差数列，公差为"2"。

减法里有个方法：比如，17—8，分别看 17 和 8 两个数字个位上的数字，后面的数字 8 比前面的数字 7 大"1"，那么答案里，个位数字无论如何都是"9"；16—8，分别看两个数字个位上的数字，后面的数字8 比前面的数字 6 大"2"，那么答案里，个位数字就是"8"。总结规律就是：大几的那个数和答案里的个位数，加和一定是"10"，大"3"，个位得 7；大"4"，个位得 6；大"5"，个位得 5；大"6"，个位得 4；大"7"，个位得 3；大"8"，个位得 2；大"9"，个位得 1。可以跟孩子慢慢找这样的规律。

从 1 数到 10，数到 100，然后倒数。

单数和双数的区别和分辨：单数从 1 数到 11，数到 99；双数从 0 数到 10，数到 100。

买一些计算题的书，以玩的心态，偶尔拿出来做一些。

以上这些，父母都可以在家庭里跟孩子慢慢玩起来。

2. 做好详细的记录，要数据量化

孩子数数能数到几了？孩子能区分单双数了吗？孩子能正向复述几个数字了？孩子能反向复述几个数字了？孩子能区分形状了吗？能区分哪些形状了？……详细的记录能帮助孩子每一次都可以在上一次的基础上得到提升。

3. 切忌急躁

我在 2021 年新年的时候，尝试让孩子在 8 分钟内完成 100 道计算题，而且要保证全对。那时候孩子 5 岁，做是做到了，但因为那是我唯一一次在学习上给他压力，在之后的发展性认知能力测试中，他的加工速度分数偏低。这反映了那个数学题的速算训练起到了非常不好的作用。孩子在写出答案之前要反复检测 2 ～ 3 次，生出了畏首畏尾的心理。

那之后，我全力扑在孩子的数学启蒙研究上，取得了很明显的全面优秀发展的效果。其实，在孩子更小的时候，我一直注重方法的引导。基于对孩子的了解，他用手指数数，我一直都鼓励，而且也觉得那样特别可爱。就像前文所述的双子爬梯实验，有些能力人类必将具备，但需要等到成熟的时机来学习，很快就能学会。之后，我的孩子很快就在计算和口算方面表现出色，对数学一点儿不抵抗、不厌烦，有了喜欢的心思。

　　每个孩子都可以精通算术，熟练计算，但每个孩子的发展速度不同。如果孩子算不出 13+5 等于几，那就耐心再等一等，做一些其他的数学练习。

让孩子爱上怎样的数学？——裴之 & 巴什博弈

　　我的书房里总是放着一盒炒花生，昀昀总会想要吃几颗，这和数学有关。他以前不爱吃炒花生。我们一起看了《功勋》系列中的《无名英雄于敏》，那时候他才 4 岁，他特别喜欢于敏。在昀昀眼里，于敏是超级英雄，因为他很小的时候，就能看到身边动态的数字，还能指挥那些数字在他周围跳舞。当然，这是电视剧的一种特技表现手法。由此，我在孩子心里埋下了一颗与数学有关的种子。

巴什博弈　　◁»播报　　✎编辑

双人博弈

▤ 本词条由北京师范大学数学科学学院 提供内容并参与编辑 。

　　巴什博弈（Bash game）是一个双人博弈：有一堆总数为n的物品，2名玩家轮流从中拿取物品。每次至少拿1件，至多拿m件，不能不拿，最终将物品拿完者获胜。

百度百科的巴什博弈词条

　　后来，昀昀 6 岁时，我带他看了一部和数学有关的电视剧《天才基本法》。昀昀发现那不是于敏吗？其实，是《功勋》中于敏的扮演者雷佳音在《天才基本法》里扮演了一位数学家"老林"，这也让昀昀很快喜欢上了这部剧集。特别是里面的裴之，一个冷静、有礼、品格佳、成熟、数学极好的孩子，走进了昀昀的世界。

　　后来的一段时间里，那位剧集里的数学天才裴之，成为昀昀"比试"的对象。数学家老林吃炒花生，昀昀也要求奶奶去超市的时候买炒花生

回来。我也陪着一起演上了，我一直爱吃炒花生，数学家都爱吃这个。昀昀知道我数学很好，就信以为真。然后，要求我把剧集里裴之读的书都买回来。

看了《天才基本法》后
昀昀让买回的书

‹ ⌂ 🔍 搜词条

亚瑟·本杰明

美国加州克利蒙特地区哈威穆德学院数学教授

亚瑟·本杰明（Arthur Benjamin）于1989年获得约翰斯·霍普金斯大学数学博士学位，现任美国加州克利蒙特地区哈威穆德学院数学教授，并于2000年以"高等教育杰出贡献"而被美国数学协会授予"海默奖"（Haimo Prize）。除此之外，亚瑟还是一位专业的魔术大师，经常在好莱坞著名的魔术俱乐部"魔法城堡"进行魔术表演，并在世界各地向观众表演和展示他的速算才能。在2005年，美国著名的杂志《读者文摘》称他是"美国最佳的数字能手"。[1]

亚瑟·本杰明

甚至，昀昀学会了剧集里提到的"巴什博弈"的一些算法和玩法，还让我买回来一副孔明棋，自己开始研究。也由此，我给昀昀买的在剧里提到的这本《生活中的魔法数学：世界上最简单的心算法》（*Secrets Of Mental Math*），让昀昀结识了亚瑟·本杰明这位有趣的数学家。让孩子结识更多有趣的数学家，更早看到数学家的工作，对于孩子的数学之

路非常重要。

我没有用任何奖励惩罚手段，也没有涉及任何考试考分，但通过很多妙法，成功地让我的孩子昀昀发自内心地、欢喜地接近了数学。

昀昀玩孔明棋

每天只花 2 分钟精通四则运算的方法

学习"四则运算"肯定不需要孩子"玩命做题"，那太耗费时间精力了，也不符合大脑运作机制。但碍于学校对孩子的责任心，父母自然有了压力，不做又不行。

如果孩子还没上学，或者父母能顶住学校的压力，其实有个更好的方法，特别简单：

四则运算 = （45+n）x

四则运算特别符合大脑的运作机理，每个人都可以对此熟悉起来，差别在"速度"上。

这种速度和智商关系不大，多练习一些就会快一些。就像下象棋，从入门到中段，你会看到不少高智商的棋手，但是在象棋的高段位上，基本都是智商中等，但花了很多时间"阅读"棋谱的专业棋师。

对，象棋的关键在于"阅读"。四则运算的关键也在于"阅读的方法"，而不是"动脑子"。

理想的方法是，3 岁也好，13 岁也好，还是 30 岁、60 岁，只要大脑的神经元总突触量级没有衰减，都可以按照"大脑自身的特点"学习四则运算。

首先，大脑必须通过"阅读"把比如小九九中的 45 张计算的图片（1×1 得 1，1×2 得 2……共计 45 个）存放在长期记忆中；"n"代表，比如，数字、四则运算的规则、10 以内加减法的一系列图片；"x"是不确定性，即孩子学会四则运算的概率。如果 x 小于 1，就糟糕了。

但请相信，看完本书提到的方法，如果在家陪孩子如法炮制，x 一定等于 1。孩子的四则运算必然不成问题。

（以上所说"图片"，不用担心要准备什么道具。只需要给孩子读一读数字、念一念加减法、讲一讲小九九，"图片"是孩子大脑自动生成的，家长不用在意。）

方法如下：

1. 每天只花一分钟"阅读"数字、10 以内的加减法、小九九……坚持一年，也许更短时间。

2. 尝试做 10 以内四则运算题，就是加减乘除的计算，也是每天只做一分钟。

3. 发现孩子在这一分钟里表现出了"娴熟"，如我在这本书中为大家展现的我的读者孩子们玩拼图、乐高般的娴熟和自信。

4. 如此，四则运算，孩子已经学会了！每天最多只花两分钟！

安安静静，不争不吵，熟练如匠人，这才是数学学习的方法。

"是"表格（The Achievement Motive Table）

大脑的"用进废退"是非常现实的，毫不留情。当作为父母的你，年龄超过 25 岁，4～5 年高频率使用手机，而阅读书籍很少，就可以进行这样的测试，做一些日常的家务，收拾一下书，做一些好吃的点心，洗衣物，等等；同时，播放一部音频小说，听 30 分钟。之后，看你能否记住小说内容的 50% 以上，如果不能，那问题就很严重了。

你阅读的"胃口"越好，你的智力能力越高。但对于绝大多数人，认真通读完一本书之后，都需要"休息"一段时间，因为他们阅读的"胃口"很差。

我的一位很好的朋友曾跟我说，很多人不注重合同，更愿意人情变通。但合同才是保障一件事情顺利推进的基础。

后来，我发现和孩子在一起"订立合同"出奇地有效。孩子几乎不在意父母的吼叫和打骂，你很少能见到一位德智体美劳全面发展的榜样一样的孩子，是被吼叫打骂出来的。

但是，孩子在意"合同"。合同，会把条件说得清清楚楚，不会因为个人的情绪变化，或者其他因素就擅自变更。说清楚条件，就要严格地执行。对于合同涉及的双方都是严格要求的。我让昀昀使用魔方的表格，简单粗糙，但是效果奇佳。他非常认真地每天执行，很快自主学会了魔方的玩法。

2022 年 12 月 9 日已经熟练魔方操作，此表格不再使用

很多年轻父母，他们的父母一辈能力有限，在并不知道"上学"为何的前提下，把孩子送到体制内教育的快车上，但是，接下来问题不断涌现。因为他们不知道这是什么，好在哪儿，怎么才算是好，所以，只能人云亦云。听老师夸奖孩子字写得漂亮，就带孩子拼命练字，描红、硬笔、书画；听老师夸孩子数学不错，就带孩子培优、参加数学竞赛；听说这个专业不错，就业好，就一窝蜂报考热门专业；听说公务员稳定，银行职员待遇好，就一窝蜂扎进去。就这样，大多数人最好的青春年华里，都没有了书的影子。

这本书会给年青一代的父母这样的能力,培养祖国需要的优秀人才。

从玩玩具开始。每过一关,我就和昀昀约定打个钩"check";没过的,就空出来;如果是我协助的,就在"check"的基础上,画一个线段作为标记,说明不是昀昀独立完成的。

后来,我们有了"π本",孩子开始越来越认真起来。由魔方开始,我们订立了每日的研修习惯,那是合同。完成就是完成,没有完成自然就是没有完成,但是后面要补齐落下的工作。

昀昀的 π 本

让孩子成为数学家的方法总述

慧——智力能力

家庭中孩子早期智力能力的培养，是最容易被父母忽视的。于是，出现了很多"放养"心态的父母，认为 6 岁前，孩子吃好不生病，健康就行了。上学交给学校，这是最好的路线。但走上这条路线的孩子，后面都会出现很多问题。

因为孩子出生就渴求认知这个世界，所以，从五感（视觉、听觉、嗅觉、味觉、触觉）获取的信息要足量，以不功利、自然而然的态度，给孩子尽可能多的素材，多多益善。

丰富的生活促成了孩子智力能力的提升。如果每天都让孩子在沙池里待上 2～3 小时，那肯定不行，因为五感的信息过于单一。

阅——阅读能力

阅读能力是智力能力的一个方面。或者说，以数学学习为目标方向，智力能力的培养就是为了阅读而准备的，而阅读能力是数学的必需基础。

孩子的阅读能力，是从听、看、识、理、坐、读、用七个不同维度来培养和提升的。阅读不限于读文字书，一定要有之前的足量准备，听、看、识、理、坐五方面的基础打牢，孩子才能顺利且快速高效地具有不错的阅读能力。

阅读，不同于考试考核，需要轻松快乐，需要父母的陪伴，需要丰富的阅读素材，需要"不求甚解"，需要持久地不断读下去。

时——适时入门

有的孩子很小就显现出对数学的强烈兴趣，比如，著名数学家陶哲轩 2 岁就开始学习数学了。而许埈珥直到大学，数学才开窍。在父母的意识中，要对孩子的数学学习有长久的打算，要有不紧逼、不限制的态度，要坚定咬住数学这个目标，想方设法带孩子靠近数学，既不是越早越好，也不是完全放手不管。

其实，前面多次论述，从孩子出生起，随着启蒙的开展，孩子在阅读绘本、玩玩具的过程中就接受了数学的启蒙。这里说的入门，是指孩子真正发自内心、有意愿地学习数学的开始。

比如，通过购买书籍、使用互联网，孩子自主学习数学，从小学到中学，一点点往高处学。但不一定是指数学竞赛，数学竞赛并不适合多数孩子。

巧——适度激发

本书更希望父母能燃起对孩子学习数学的希望和信心，如果父母不在意、不在乎数学学习，那孩子学数学的可能性会小很多。

久——持续持久

有了持续持久的心思，也就不会在意眼前的得失。比如，我会不断翻查我的数据量化记录，增加孩子的益智玩具数量，补充绘本，购买新小说，补充习题册，思考孩子把分数学会之后要衔接什么数学知识，等等。随着孩子的成长，不能让他学习数学的大脑饿了。

培养孩子的妙法

当我有了足够的底气，才会把于敏和裴之拉进生活里，让昀昀看到他们，作为榜样。如果没有起码的基础，榜样只是老生常谈的一梦。我们小时候说未来想当科学家，有几个人成为科学家？

我最初的力气都放在观察自己的孩子上面，观察得越多，我就越懂他，也能看到我在教育培养方面的不足，予以弥补提升；也能看到孩子有哪些细微的问题，想办法引导调整。

科学家并没有三头六臂。我更希望我培养的孩子，未来的数学家，有更多的人情味。

工作中的于敏

孩子的"五育融合"全面发展之于数学

德智体美劳五育都非常重要，重要之处，可见可感知。我作为一个读书人，先要向内求，然后才有余力向外。作为父母，我也更倾向有人情味儿的人。所以，我绝不允许因为自己的培养出现差错，而让孩子成为像爱因斯坦、艾伦·图灵以及前面所述三大神童那样，再怎么有才华名望，但终其一生，都不能很好地体会人类文明之光下的温存和幸福。也很难令生活在他们身边的人感觉到幸福，这不是我作为父母所希望的。

德：我们都需要爱，但我们都不懂得如何去爱

棍棒之下出孝子，这是一句多么荒唐的话。我当然要求我的孩子对我和妻子，还有他的奶奶孝顺，也要求他尊师重道，当然那是后话。在家里，我首先提出我内心的真实诉求：我培养的孩子，首先是要爱我、孝顺我的。如果我给他的爱，他理解不了，那就是教育方面出现了问题。孩子不能共情，就是智力能力、情感智力不足够。

我提的要求，孩子能理解，能予以共情反馈，那就说明我做对了，我也会因此而感受到孩子带给我的幸福。比如，我几年都没有自己刮过胡子了，都是孩子帮我，刮得很仔细，之后还会擦上一些面霜。我帮他买一本新书，他一定会马上回应我的爱，会说谢谢Daddy，然后亲我一下。孩子会帮我泡茶、洗脚、按摩捶背，提醒我不能喝太多咖啡，要求我多喝水，给我拿水果吃，很早就学会了喊"您"。玩的时候，我们像朋友一样，安静下来，他就是尊敬父亲的一个孩子。随着成长，昀昀越发成熟，他对分寸把握得很好，让我在家里做父亲感觉非常幸福和舒适，让我感受自己是使用科学手段培养孩子的现代派的父亲；同时，还继承了中华民族的伟大传统，父子之间有礼有节。

我从不和孩子空讲大道理

孩子听不进去道理，让孩子背诵一大堆道理，不如让他／她多干点儿家务。几天前的晚上，我和妻子带着昀昀一起去剪头发。路上一位父亲拉着女儿走在我们前面，讲了一路"英语为何重要"的道理，声情并茂，我都心疼她女儿。听了这番演讲，估计她更不喜欢英语了。

那天我们在家门口附近，找了一家看起来很破的发廊，一问，88元！我当时就和门口的接待说："实在太贵了，抱歉，我们不理了。"

我们去了公司楼下的商场，白天商场楼下一直都有发剪发优惠卡的，30元钱剪两次。当时我以为附近能找到10元钱理一次发的，就错过了，没领。

昀妈说商场里肯定贵，我没有经验，说试试看，结果一问，如果想30元剪两次，一定要带着那张优惠卡。要是没卡，150元剪一次。

我拉着昀昀，嘀咕了一句："理个发150元，抢钱啊！"

那天我们步行3公里找到了一家29元钱剪一次的理发店。第二天，昀昀和妈妈出去玩，路上发现一家店搞活动，30元送两次剪发优惠卡。

昫昫听到宣传，马上拉着昫妈去领了一张。

昨天下午去公司吃饭，路上昫昫一直在找，终于找到了那个 30 元剪两次的发卡叔叔。我们领了卡，还送了一个雪容融。

昫妈算着说，接下来 4 个月剪发，平均才 15 元，昫昫听了特别开心，我们真的都特别开心。

我不跟孩子讲道理，我也不会讲，昫昫倒是学会了不少道理。我坚持：做就行了，在实践中理解真理，记在心里。

智："超常"智力能力是必然的追求

和 20 世纪 70 年代的三大神童相比，即便是和更近一点儿的陶哲轩儿时相比，今天的我们在家庭育儿方面也具备巨大的优势，随随便便就能买到三大神童在儿时见都没有见识过的中外绘本。

我们肯定不会接受"天赋理论"，否则，父母的爱就没有了落脚点，爱的力量就没了出处。

我们也不能接受"成熟势力论"。格塞尔认为，父母爱的环境，仅是次要的促进作用，主要还是遗传及天生的生长力。怎么可能？！父母爱的力量巨大！

当然，我们父母也不会支持"环境决定论"。孩子的成长中，遗传因素一定发挥着作用，就像一片茂密的森林，树木参天，但每棵树和每棵树必定不同，都有它们各自的美和壮丽。

查子秀老师和林崇德老师都在他们编写的书中提到育儿过程中，优秀启蒙环境会极大提升孩子的智商，但随着科技的进步和父母智识、意识的不断提升，更多先进的工具和设备的引入，智力的极大提升，可以发生在一生的每一个长效阶段。

家庭中，通过优秀细致的培养，父母即便没有很高的学历，培养出智力超常的孩子也绝不是梦想。

体：让大脑发挥到极致的关键

每次跑步跳绳回来，昀昀无论阅读、玩儿还是学习数学都特别好。可能有些家长不舍得让孩子体育锻炼的时间过长，希望孩子多读一些书，但反而事倍功半。

为了在数学和阅读以及玩具方面挑战更高的难度，从 2021 年年底，我就开始注重孩子爬山这件事情。爬山回来，效果实在是太好了。除了孩子更加成熟，以及数据方面的提升外，护眼时间也得到了保证，这让妻子特别开心，睡眠也更理想，体质也更好了。

关于爬山结合数学的进一步思考：

平时生活里的规则和既定结构太多，但都是很浅显的，和数学的水平相距太远。万里长城或者金字塔伟大，但其结构的复杂程度比不上一片叶子。

卡拉比 - 丘流形是自然之美，因其极其复杂，所以，在大众看来并不赏心悦目，如果不是卡拉比和丘成桐，世人见这样的流形会觉得奇丑无比，或者觉得完全没有规律。

社会生活中的"数学审美"不够，比如，贝多芬，在爱因斯坦看来太过"匠气"，"他的音乐并不美"。爱因斯坦喜欢巴赫，认为和科学的奥义很像，都来自自然。

爱因斯坦、艾伦·图灵、丘成桐和居里夫人的童年都有相似之处，爱因斯坦被自然中的"磁力"吸引；艾伦·图灵能在心里读秒，一秒不差；丘成桐很早就和古代诗人看到的自然力量建立了共鸣；居里夫人在自然和诗歌中长大。

爱因斯坦和艾伦·图灵更接近自然，所以被周围人批评不守纪律，不爱卫生，不是常规意义的好孩子，但理学能力极强。居里夫人要好很多，从小就是好孩子的榜样，相应地，她的理学成就较其他几位是最低的。

韩国的许埈珥也类似，热爱自然的节奏，但他属于智商偏低的，成就不如以上几位。

陶哲轩是极罕见的一类，是纯粹智商高。

人造的环境很伟大，但和自然相比，逻辑太简单，也不美。

所以，我希望孩子能更早找到自然里的美和节奏。山里的一草一木都是自然的，和公园里人工安排的不同。

在过去的几个月，我也印证了这种设想。因为爬山，昀昀的进步很大。

等他有一天，能看得懂卡拉比 - 丘流形之美，那就成了。

户外爬一次山就是 4 ～ 5 小时 10000 勒克斯光强的照度，一周满足 11.65 小时，就达到了护眼标准（激素分泌，抑制眼轴拉长）。

爬山也是很好的体育锻炼，户外空气也很好。

我们的研究中心最近在联系国内的体育学院，就这个方向，在未来 10 ～ 20 年，看能否做一些检测项研究。

美：莫扎特和巴赫直接来自宇宙的结构

你敢在孩子四五岁带他去听音乐会吗？如果孩子不安分地哭闹，你很可能在周围观众质疑的眼光中无奈离场。是考验，也是检测。孩子能听得懂吗？孩子能坐得住吗？孩子能喜欢听吗？这是孩子智力能力的一种考查。

美育，总能将各方面的培养再拉高一个水平。秋天，是我们的第一场音乐会。每个月我都会陪妻子，带着昀昀听一次音乐会。每听一次回来，昀昀的节奏都会更稳定一些，也能感受到成长的力量。昀昀很小的时候并不喜欢音乐，我给他播放巴赫或者莫扎特，他都示意我赶快停掉。有一天，昀昀不经意间听到妻子手机随机播放的一支不知名的摇滚乐队演唱的《莫斯科郊外的晚上》，就喜欢了整整半年，想起来就让我和妻子播放给他听。

后来，随着阅读的进步和玩具玩儿得越来越好，有一天，他开始阅读 Wonder 了。那之后，我给他播放巴赫，他突然间就喜欢上了，并一发不可收。

昀昀听的第一场音乐会

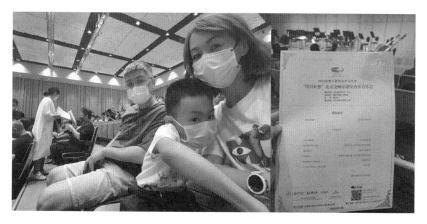

作者一家三口在音乐会现场

6 岁前听完了《三体》（1～3 部），听完了《孩子们喜欢的中国史》音频故事，最近听完了《老人与海》，正在听艾萨克·阿西莫夫的《银河帝国》《超新星纪元》和《白鲸》（Moby Dick）（乔布斯阅读这本书后回归正轨，并取得了一些成就）。

正如爱因斯坦所说："想象力比知识更重要。"在音乐相伴之下，美是人类智慧结构的再丰富提升。

有语言之美、科技之光、音乐的节奏，在爱里，让孩子看清世界的真美，加速到第三宇宙速度，向宇宙深处迈进。

劳：从孩子 2 岁就着手开始

孩子得多干活，才能更好地融合进一个家庭，才能融化在父母的心里。昫昫 2 岁就可以开始干家务了，我甚至让 2 岁的昫昫帮我把买回来的散鸡蛋一个个装进鸡蛋盒里面，便于我放进冰箱储存。孩子干活越多越聪明，也是有心理学和脑发展的科学依据的。

平时玩的积木和拼图，甚至成为孩子干更加复杂、繁重的家务活的必要准备。比如，装家具就是大型积木拼装的现场。

干活和读书一样，都需要"升级"和"大量"。

《火星救援》里的马克就是个好榜样，具备极强的动手能力。

左下角图中为《火星救援》里的马克，具备极强的动手能力，其余 3 张图为昫昫在拼装家具

希望更多的父母通过阅读本书，能有所收获，受到启发，并与我一同坚信：每个孩子都可以成为数学家。

人类充电法则

1. 在充电不足的情况下运行身体，将对身体造成程度不同的伤害。

2. 人类充电模式属于"多重组合式"，需要不同类型的充电，且任一模式下充电未达标准，都会对身体造成伤害。

充电模式：

饮食：除了三餐，还需要三餐之间的茶点、水果的补充。饮水要及时。饮食要做到"适量多次"的补充方式。

运动：帮助身体处于优秀的能量转换和运输状态，可以使不同模式的充电及时和高效地被身体吸收，保持身体的相对年轻和缓慢衰老的状态。

睡眠：必须保证每日充足的睡眠。任何一次睡眠延时或者低质量，都需要之后数日更为勤奋和精细的护养身体。从饮食、运动、睡眠等多种充电模式中，对单次睡眠不足进行修正。

阅读：必须保证每日的充分信息输入，才能保证工作记忆和长期记忆、短期记忆间的充分协调配合，保证大脑智力能力每日的提升。"用进废退"在大脑运行方面非常严格。阅读包括但不限于：图书报刊、有声广播、音乐歌曲、戏曲文艺等。

玩乐：益智类的玩具种类很难计数，需要找到适合身体大脑和心智的合心意的玩具种类，每日精进，定期更新升级。

接触自然：每周一次，包括但不限于爬山、下海、探索密林，与自然接触，呼吸更大的气场，感受更大的力量和自然之美。

每天都给孩子充沛的亲吻和拥抱，对他们说：爸爸妈妈爱你。

做好以上方面，也就完成了一次极其完美的"充电"，就可以畅快地使用身体工作学习了。

写在最后的话

前　几天碰巧看到一个对《今日简史》（21 *Lessons for the 21st Century*）作者尤瓦尔·赫拉利（Yuval Noah Harari）的专访。

主持人问：What should I be teaching my daughters?（面对未来，我到底该教我女儿学些什么呢？）

尤瓦尔·赫拉利回答：

That nobody knows how the world would look like in 2050, except that it will be very different from today. So the most important things to emphasize in education are things like emotional intelligence and mental stability, because the one thing that they will need for sure is the ability to reinvent themselves repeatedly throughout their lives.

我们谁也无法确定这个世界 2050 年时的样貌，我们只知道那时的世界一定与今天大不一样。所以，我认为教育上最重要的，是让孩子不断提升情感智力和加强心理稳定性。因为在未来，不断打破重建重新学习新的世界，可能是对所有人的要求，我们至少可以在这上面下些功夫。

这段对话中，不知为何尤瓦尔·赫拉利跳过了智力能力这个总框架结构，只强调了 EI 这一点。我认为这样的说法失之偏颇。

更全面的说法，应该是孩子在家庭培养中具备优秀的智力能力，具备优秀的阅读能力，孩子就能自主学习提升。而有良好而且稳定的情绪智力（Emotional Intelligence），有很好的心理稳定性，是在此基础上的进一步完善和提升，当然也是德智体美劳这个结构里的必需要件。这样调整一下回答的内容，其实就和尤瓦尔·赫拉利之后所述的，"未来不可预测，孩子做好随时打破重来的心理准备"能够完全吻合和呼应上了。

聪明、阅读能力强、情感智力优秀、心理稳定性高的孩子，一定会展露出卓尔不凡的数学能力。这样的孩子能凭借自身稳定的力量，自主学习提升，能面对未来的一切不确定性。

虽然未来不确定，但任何时候，家庭的培养方案可以是确定而系统的，甚至可以是高效而且有把握的。

昀昀 7 岁，今年上小学一年级的下半学期。

他依旧不知道什么是数学，但我通过本书告诉大家，这不重要。

昀昀在读英文版比尔·布莱森 (Bill Bryson) 的《万物简史》(*A REALLY SHORT HISTORY OF NEARLY EVERYTHING*)，每天读一点，非常喜欢。

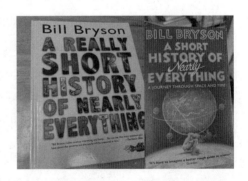

英文版《万物简史》的封面

英文版《万物简史》目录及内容页

阅读，就是数学。

当然，还有一些很好的书，昀昀都在同步自主学习：比如 DK 出版社出版的《如何擅长数学》（*How To Be Good At Maths*）。

《如何擅长数学》的封面及目录

本·奥林（Ben Orlin）著的《充满"烂插画"的快乐数学：塑造现实世界的奇思妙想》（*Math Games With Bad Drawings：Illuminating The Ideas That Shape Our Reality*）。

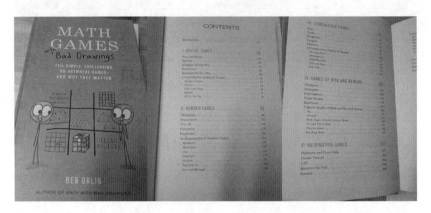

《充满"烂插画"的快乐数学：塑造现实世界的奇思妙想》
的封面及目录

当孩子读到汉诺塔(the Tower of Hanoi)图知道其玩法时，就能感受简单的"递归"。

汉诺塔的玩法介绍

注：心理学家用汉诺塔教授递归算法 (Psychologists deploy it to teach recursive algorithm)，孩子通过学会点格棋（Dots and Boxes），感受数学的乐趣和无限魅力。

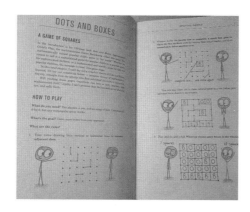

点格棋的玩法介绍

还有"门萨"的一些书，也是自学、自己玩乐。

"门萨"书籍和测试题目

　　至于四则运算、小九九，那都是"阅读"，每天都做一点点，很少的一点点。因为真正的数学等待着孩子慢慢靠近。昀昀放学回家的第一件事情，就是打开他的数学书，开始阅读，乐此不疲。

　　致所有在路上辛苦劳碌的父母。

　　你们都很棒！

窦羿于北京

2023 年 3 月 28 日

　　补充说明：

　　2023 年 8 月中旬，作者在土耳其首都伊斯坦布尔机场的一家叫 ÇOK OKUNAN 的书店里买到了前文提到的丹尼尔·戈尔曼的《情绪智力》（*Daniel Goleman*）最新的一版（第 25 版），该书封面上已经完全没有"EQ"的影子了。

《情绪智力》（第 25 版）封面　　土耳其伊斯坦布尔机场内的
ÇOK OKUNAN 书店

附录：丹佛发展筛选测验

　　丹佛发展筛选测验（Denver Development Screen Test，DDST）是美国丹佛学者弗兰肯堡 (W.K.Frankenburg) 与多兹 (J.B.Dodds) 编制的，是目前美国托儿所、医疗保健机构对婴幼儿进行检查的常规测验。该测验的检查对象为出生到 6 岁的婴幼儿，如其不能完成选择好的项目，便认为该婴幼儿可能有问题，应进一步进行其他的诊断性检查。

　　弗兰肯堡与多兹编制的简明发育筛查工具，于 1967 年发表在美国 *Pediatrics* 杂志上。该工具适用于从出生到 6 岁的婴幼儿，测试一般需要 15 ～ 20 分钟。是一种用于早期发现小儿智力发育问题的初筛测验，同时也是我国一种标准化儿童发育筛查方法，被广泛用于各大医院，适用于 0 ～ 6 岁儿童。本筛查测验由 104 个项目组成，分为 4 个能区。

　　1978—1979 年我国得到弗兰肯堡的协助进行标化，获得上海市区正常小儿发育进程数据，随后，北京、上海、成都、西安、沈阳、哈尔滨等 12 个城市进行了标化。1982 年北京市儿童保健所林传家教授牵头，召集组织全国协作组进行 DDST 全国再标准化研究，因武汉资料被洪水冲毁，仅对北方六市 6866 名 DDST 标准化资料进行汇总，制定了我国小儿智能发育筛查量表，目前在国内广泛应用的是这个标准化的中文版。

　　丹佛发展筛选测验是我国的一种标准化儿童发育筛查方法，被广泛用于各大医院，适用于 0 ～ 6 岁的儿童。

小朋友在专注拼乐高

丹佛发展筛选测验由 104 个项目组成，分为 4 个能区。

精细动作—适应性能区

这些项目显示儿童看的能力和用手取物和画图的能力。

大运动能区

这些项目显示小儿坐、步行和跳跃的能力。

个人—社交能区

这些项目显示小儿对周围人们的应答能力和料理自己生活的能力。

语言能区

这些项目显示儿童听、理解和运用语言的能力。

月	精细动作—适应性	大运动	个人—社交	语言
		丹佛发展筛选测验参考表		
1	• 小儿腿、臂双侧动作对称等同 • 视线能随目标移动90度	• 俯卧时试举抬头	• 小儿仰卧时能注视家长（相距30厘米）	• 听到铃声有眨眼、呼吸节律和活动改变等反应 • 除哭声外，能发出喉音
2		• 抬头时，脸与桌面约成45度	• 不接触小儿，逗他笑时，他会微笑	
3	• 小儿手指能互相接触		• 会自动微笑	• 不接触小儿，经逗引能笑出声
4	• 视线能随目标移动180度 • 用摇铃接触小儿手指能握住	• 抬头时，脸与桌面约成90度 • 扶小儿坐时，举头正而稳，不摇动		• 经逗引能发出兴奋的高声或尖声
5	• 坐在家长腿上，能伸手向着桌面上的玩具	• 俯卧时手臂能支撑身体抬胸 • 扶小儿坐时，举头正而稳，不摇动		
6	• 能自己拿着饼干吃 • 手中握着一块方木，又能注意到第2块方木	• 拉坐时，头部始终不后垂	• 试拉小儿手中玩具会表示拒绝	

续表

	丹佛发展筛选测验参考表			
月	精细动作—适应性	大运动	个人—社交	语言
7	• 两只手能同时各握一块积木 • 只能抓起小丸	• 会从俯卧转向仰卧或仰卧到俯卧的翻身 • 能独坐5秒或更长时间	• 对距离较远的玩具有试图攫取的要求	• 从背后20厘米处轻呼名字数次,小儿能向声音方向转头
8	• 能把一只手中的积木递交到另一只手	• 能扶着硬物体站立5秒或更长时间	• 见生人表现出犹疑或有点害羞 • 能玩"藏猫猫"游戏	
9	• 会用两指抓握小丸			• 无意识地叫"爸爸""妈妈"
10	• 能拿取放在桌上的小方块相互敲击	• 会从站到自己坐下		• 咿咿呀呀地学成人说话 • 能自己扶着把手站起来
11	• 会用拇指和食指抓握小丸,手掌不接触桌面	• 扶站时能把脚提起片刻	• 成人逗引着试取手中的玩具时,能将玩具伸向成人,但不放下	
12	• 会扶着家具行走 • 能独立站2秒或更多时间	• 能观察大人乐意或不乐意的表情并做出相应的反应		

续表

	丹佛发展筛选测验参考表			
月	精细动作—适应性	大运动	个人—社交	语言
12 ~ 15		• 不撑住地面能弯腰拾起玩具 • 步行自如,左右不摇摆	• 需要东西时会表示,指点或讲出事物名称 • 见生人表现出犹疑或有点害羞	• 会正确地称呼母亲为"妈妈"、父亲为"爸爸"
15 ~ 18	• 能叠稳2块方木 • 会在纸上有目的地画线 • 经示范能把小瓶(口径1.5厘米)内的丸粒倒出	• 能向后退两步或更多步	• 对扫地等简单家务进行模仿	• 至少会针对特殊物体、人或动作讲3个字
18 ~ 21	• 能叠稳4块方木而不倒	• 不扶任何物体会将球踢出去	• 喜欢学做简单家务,如收拾玩具、帮助家长取指定的东西	• 能指出自己的眼、鼻或身体的其他部位 • 会说2个或更多词表示有意义的短语 • 会扶墙或栏杆上楼梯
21 ~ 24	• 不经示范能把丸粒倒出小瓶外		• 会脱外衣、鞋、短裤、短袜等 • 独自吃饭,洒落不多	• 会看图说出画的名字 • 能听懂"给妈妈""放在桌上""放在地上"3个中的2个

续表

丹佛发展筛选测验参考表			
月	精细动作—适应性	大运动	个人—社交	语言
24 ～ 30	• 模仿画长于2.5厘米、斜度不超过30度的直线	• 能举手过肩抛物 • 会双足同时离地向前跳 • 能不扶物体单腿站立1秒钟或更长时间	• 能与小朋友一起玩 • 会洗手并擦干 • 会穿短裤、短袜或鞋	• 从图片上能识别日常用品或常见动物
30 ～ 36	• 能叠稳8块方木而不倒 • 能模仿成人搭"桥"等简单积木	• 会骑儿童三轮车 • 能单足跳过21厘米的宽度	• 能穿、脱衣服，区别衣服的前后	• 能说出自己的姓名
36 ～ 42	• 不受方向限制，能比较出2条画线的长短 • 会模仿画闭合的圆形		• 能扣纽扣	• 能理解冷、累、饿的含义，如问"冷了怎么办?"回答"穿衣服"或"到房间里去"均为正确

丹佛发展筛选测验参考表			
月	精细动作—适应性	大运动	个人—社交	语言
42 ~ 48	• 经示范, 会画出在任何点上相互交叉的两线	• 能用一只脚站5秒或更长时间(3试2成) • 不扶任何物体单腿连续跳2次或更多次	• 成人外出时, 请其他人陪着能接受	• 能理解介词。如按要求把积木放在桌面上(下)、椅子前(后) • 会说反义词(括号内的), 如火是(热)的, 冰是(冷)的, 妈妈是(女人), 爸爸是(男人), 马是(大)的, 鼠是(小)的
48 ~ 54	• 能画出人体3个或更多部位 • 模仿画出正方形	• 能前脚跟对着后脚尖向前走4步或更多	• 会独立穿衣	• 认出红、黄、蓝、绿4种颜色中的3种
60 ~ 72	• 能画出人体6个或更多部位	• 能单足立10秒或更长时间 • 能抓住蹦跳的球	• 能穿、脱衣服, 区别衣服的前后	• 能讲出球、桌子、房子等常见物品的作用 • 能说出日常用品是由什么做成的

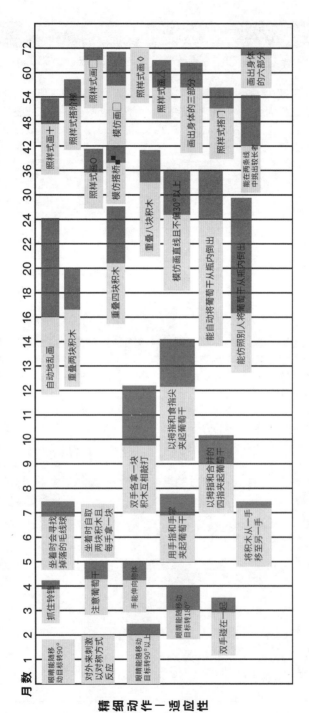

丹佛发展筛选测验（精细动作—适应性）

注：浅色部分说明有 75% 的孩子达到了，深色部分是剩下的 25% 的孩子。各项指标越早达到越好。

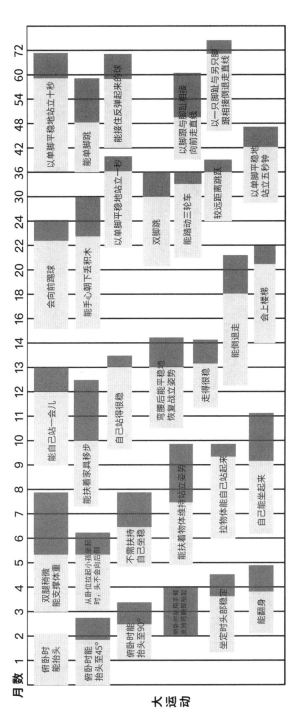

丹佛发展筛选测验（大运动）

注：浅色部分说明有 75% 的孩子达到了，深色部分是剩下的 25% 的孩子。各项指标越早达到越好。

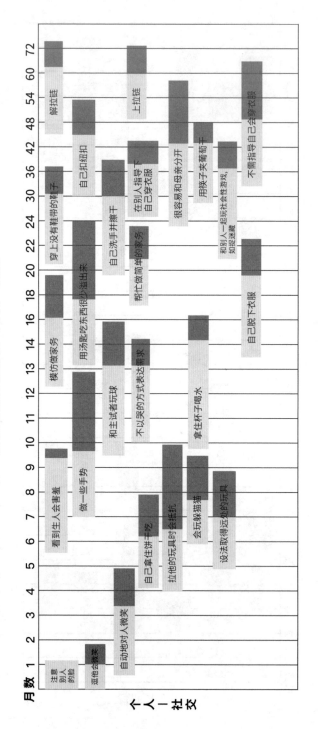

丹佛发展筛选测验（个人－社交）

注：浅色部分说明有 75% 的孩子达到了，深色部分是剩下的 25% 的孩子。各项指标越早达到越好。

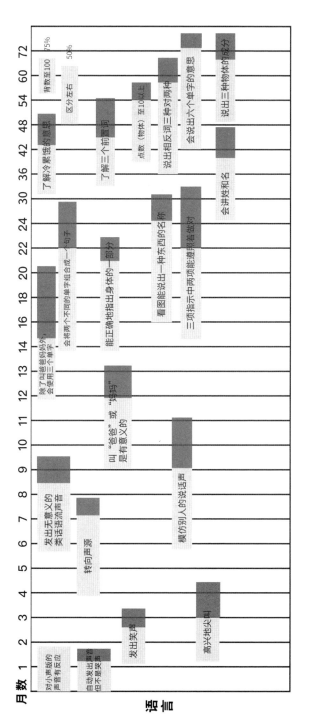

丹佛发展筛选测验（语言）

注：浅色部分说明有 75% 的孩子达到了，深色部分是剩下的 25% 的孩子。各项指标越早达到越好。

测验结果判定：

(1) 异常：

① 2 个或更多区有 2 个或更多项迟缓；

② 1 个区有 2 个或更多项迟缓，加上另 1 个或多个区有 1 个迟缓，并且该能区切年龄线的项目均失败者。

(2) 可疑：

① 1 个区有 2 项或更多迟缓；

② 1 个或更多区有 1 个迟缓，并且该能区切年龄线的项目均失败者。

(3) 正常：无上述情况者。

注：凡在年龄线左侧的项目失败者称为迟缓，但接触年龄线的项目失败不算迟缓。

参考书目

1.[美]诺姆·乔姆斯基著，曹道根、胡朋志译：《语言的科学：詹姆斯·麦克吉尔弗雷访谈录》，商务印书馆2015年版。

2.[美]诺姆·乔姆斯基著，熊仲儒、张孝荣译：《语言与心智》（第三版），中国人民大学出版社2015年版。

3. Jane Nelson：*Positive Discipline*，Ballantine Books，2006.

4. Alfred Adler:*What Life Should Mean to You*，Martino Fine Books，2010.

5. V. J. Cook，Mark Newson：*Chomsky's Universal Grammar: An Introduction* (Third Edition)，外语教学与研究出版社，2022.

6. Helen Dukas，Banesh Hoffmann：*Albert Einstein The Human Side*，Princeton University Press，1981.

7. Arthur Benjamin，Michael Shermer：*Secrets of Mental Math*，Three Rivers Press，2006.

8. Betty S. Bardige：*Talk to me，Baby*！ *How You Can Support Young Children's Language Development*（Second Edition），Brooks Publishing，2017.

9. Tracey Blake, Nicola Lathey：*Small Talk,* Macmillan Publishers Limited, 2013.

10. Kenn Apel，Julie Masterson：*Beyond Baby Talk*，Three Rivers Press 2012.

11. John Holt：*Learning All the Time,* Addison Wesley Publishing Company, 1990.

12. Noam Chomsky：*The Minimalist Program*，Cambridge University Press .

13. Paula Polk Lillard：*Montessori: A Modern Approach*，Schocken Books，1972.

14. Paula Polk Lillard，Lynn Lillard Jessen：*Montessori from the Start*，Random House Inc，2003.

15. Marva Collins, Givia Tamarmin：*Marva Collins' Way,* Tarcher，1990.

16. Glenn Doman，Janet Doman：*How to Teach Your Baby to Read*，Square One Pub，2005.

17. Haim G. Ginott：*Between Parent and Child*，Three Rivers Press，2003.

18. Thomas Gordon：*Parent Effectiveness Training,* Harmony，2000.

19. Daniel J. Siegel，Tina Payne Bryson：*The Whole-Brain Child*，Bantam Books，2012.

20. Lydia Denworth：*I Can Hear You Whisper*，Dutton，2014.

21. Mitch Albom：*Tuesdays with Morrie*，Bantam Doubleday Dell Publishing Group，1999.

22. Freedom Writers：*The Freedom Writers Diary*，Main Street Books，1999.

23. Paul Tough：*How Children Succeed*，Houghton Mifflin Harcourt，2012.

24. Rudolf Dreikurs：*Children*：*The Challenge*，Hawthorn Books，1964.

25. Andrew Hodges：*Alan Turing*：*The Enigma*，Princeton University Press，2014.

26. Dennis Coon：*Introduction to Psychology*（*Thirteen Edition*），Wadsworth Publishing，2012.

27. Norman Doidge：*The Brain That Changes Itself*，Penguin Books，2007.

28. 中国超常儿童追踪研究协作组：《智蕾初绽》，青海人民出版社 1983 年版。

29. 中国超常儿童追踪研究协作组：《中国超常儿童研究十年论文选集》，团结出版社 1990 年版。

30. 让·皮亚杰：《教育科学与儿童心理学》，教育科学出版社 2018 年版。

31. R.J.Palacio：*Wonder*，Corgi Books，2012.

32. [俄] 雅科夫·伊西达洛维奇·别莱利曼著，李园莉、赵会芳译：《给孩子看的趣味数学》，中国华侨出版社 2020 年版。

33. [瑞士] 让·皮亚杰著，王宪钿译：《发生认识论原理》，商务印书馆 1981 年版。

34. Eve Curie：*Madame Curie A Biography*，Da Capo Press，2001.

35. Walter Issacson：*Einstein：His Life And Universe*，Simon & Schuster，2007.

36. Daniel T. Willingham：*The Reading Mind,* Jossey-Bass，2017.

37. [法] 斯坦尼斯拉斯·迪昂著，周加仙等译：《脑的阅读》，中信出版社 2011 年版。

38. 查子秀：《中国超常儿童心理和教育研究史实》，华东师范大学出版社 2019 年版。

39. E.T.Bell：*Men of Mathematics*，Simon & Schuster，1986.

40. David McClelland：*The Achievement Motive*，Martino Publishing，2015.

41.Sharon M. Draper：*Out Of My Mind*，Atheneum Books，2010.

42.Glenn Doman，Janet Doman：*How Smart Is Your Baby*，Square One Publishers，2006.

43. 查子秀：《超常儿童心理学》（第二版），人民教育出版社2005年版。

44. 查子秀：《成长的摇篮》，重庆出版社2002年版。

45. 胡毓达：《数学家之乡》，上海科学技术出版社2011年版。

46.[美] 斯蒂芬·克拉申著，李玉梅译：《阅读的力量》，新疆青少年出版社2012年版。

47. 丘成桐，史蒂夫·纳迪斯：《我的几何人生》，译林出版社2021年版。

48. Daniel T. Willingham，Jossey-Bass：*Why Don't Students Like School?* Jossey-Bass，2010.

49. 林崇德：《智力发展与数学学习》（第二版），中国轻工业出版社2021年版。

50. Muriel Saville-Troike：*Introducing Second Language Acquisition*，外语教学与研究出版社，2008.

51. 李建臣：《为数学而生的大师：华罗庚》，华中科技大学出版社2020年版。

52. 窦羿：《改变，从家庭亲子阅读开始》，光明日报出版社2022年版。

光明版
GUANGMING VERSION